CRAFTSMANSHIP SPIRIT:
INTERIOR DESIGN
PORTFOLIO

中国建筑设计研究院有限公司
室内空间设计研究院 / 编著
曹阳 / 主编

中国建筑工业出版社

图书在版编目（CIP）数据

匠心之作 = Craftsmanship Spirit：Interior
Design Portfolio / 中国建筑设计研究院有限公司室内
空间设计研究院编著；曹阳主编 . —— 北京：中国建筑
工业出版社，2022.12
  ISBN 978-7-112-27970-8

Ⅰ.①匠… Ⅱ.①中… ②曹… Ⅲ.①室内装饰设计
– 文集 Ⅳ.① TU238.2-53

中国版本图书馆 CIP 数据核字 (2022) 第 173815 号

责任编辑：何　楠
书籍设计：龙丹彤
责任校对：张惠雯

CRAFTSMANSHIP SPIRIT:
INTERIOR DESIGN PORTFOLIO

匠心之作

中国建筑设计研究院有限公司室内空间设计研究院 / 编著
曹阳 / 主编

＊

中国建筑工业出版社 出版、发行（北京海淀三里河路 9 号）
各地新华书店、建筑书店经销
北京富诚彩色印刷有限公司印刷

＊

开本：787毫米×1092毫米　1/16　印张：14 $\frac{1}{2}$　字数：499千字
2022 年 12 月第一版　2022 年 12 月第一次印刷
定价：178.00元
ISBN 978-7-112-27970-8
　　　（40087）

崔恺

中国工程院院士
全国勘察设计大师
中国建筑设计研究院有限公司总建筑师

　　我重视室内设计，因为我认为它是完整的建筑创作中不可缺少的一部分，是建筑设计的必要延伸。

　　我愿意参与室内设计，不仅仅是在建筑设计之后对空间情景的重新思考，而是从建筑方案开始就将建筑内外空间和实虚体量作为整体推敲考虑。

　　我依赖室内设计，因为对建筑细部的推敲，对空间界面的把握，以及对最终使用状态的设定都要在这个过程中落实。

　　我尊重室内设计师，他（她）们为建筑设计"收关"，通过辛勤的劳动完善和弥补了建筑设计的错、漏、碰、缺。

　　我要向室内设计师学习，学习你们对细节的把握，对色彩的判断，对材料的运用，对品味的追求，对质量的控制力。

　　我理解室内设计师们，比起建筑师们你们往往面对更激烈的竞争，要在更短的设计周期，出更多的效果图，画更多的细部图纸，有更多的现场服务，然而并非收获更好的效益，更恰当的名分。

　　我感谢室内空间院[1]的伙伴们，大家一起合作这许多年，共同成就了一批好的建筑，优秀的作品。也希望你们不断总结经验，不断开阔眼界，不断提高水平，不断地推陈出新，再上一个台阶，再创一批佳作！

---

① 室内空间院为室内空间设计研究院简称。

李存东

全国勘察设计大师
中国建筑学会秘书长

　　我和室内空间院的深度接触，是从 2003 年设计院专业化重组开始的。那时候我负责的景观与室内两个专业合并，组建了中国建筑设计研究院环境艺术设计研究院，经常性的业务发展探讨以及在诸如国家体育场、首都博物馆、拉萨火车站等项目的合作中，我对室内所[1]的了解逐渐加深。2007 年开始整天和室内所的同事们在一起沟通交流，一起和甲方汇报商谈，一起参与中国建筑学会室内设计分会、中国建筑装饰协会、中国室内装饰协会的行业学术活动。我逐渐融入室内设计专业领域中，由此和室内专业建立起了难以割舍的感情。

　　老室内所是我国室内设计领域最早成立的专业化队伍，有着深厚的历史底蕴和文化传承。经过几代人的不懈努力，如今的室内空间院逐渐形成了一种文化特质，区别于行业内其他的专业机构。多年来室内空间院承担了一大批不同时期的国家级重点项目，使得这支队伍责任感和使命感很强，能够经得起重大任务的考验。在继承老一辈室内人专业精神的基础上，在跟崔愷院士、李兴钢大师等院内建筑师的合作中，室内空间院秉承了专业、敬业、执着的职业精神，形成了建筑、室内、景观一体化的整体理念。由于在行业中的独特地位，室内空间院还进行了大量的行业标准规范和课题的研究，在引领行业发展的同时不断探索未来的创新路径。

　　栉风沐雨、砥砺前行。回顾历史，70 年的积淀和传承，铸就了室内空间院丰硕的专业成果和突出的行业地位。展望未来，新时期更多的发展课题需要室内空间院去探索和实践。祝愿在新一代室内人的手中，室内空间院追求越来越高，成就越来越多，发展越来越好！

① 室内所为室内设计研究所简称。

宋源

中国建筑设计研究院有限公司
党委书记、董事长

　　建筑无分内外，每个细节都反映了设计者的用心所在。中国建筑设计研究院有限公司室内设计专业历经 70 年的风雨磨砺，承担了众多国家重大室内装饰工程项目的设计工作，打造了一大批优秀的建筑作品。辛勤的努力和丰硕的成果不仅为行业培养了一大批优秀的室内设计师，同时也为行业树立了正确的价值导向和标杆。大国大设计的思想已经深深地根植于设计团队当中，并成为中国院[1]室内设计的重要特色。

　　在新的发展时期，室内空间设计研究院在传承经典的基础上日益进取，不断开拓。以服务优先、创新驱动、绿色发展、和谐共赢为核心价值观；以服务国家战略、传承本土文化、关注民生建设、创新绿色发展为发展定位，不断为实现人民的美好生活贡献着自己的力量。衷心希望与祝愿你们继续开阔眼界、坚守品质、突破自我、持续创新，为成为国内一流室内环境设计综合服务商而不断努力！

① 中国院为中国建筑设计研究院有限公司简称。

马海

中国建筑设计研究院有限公司
党委副书记、总经理

　　中国建筑设计研究院有限公司室内空间设计研究院是全国最早成立的室内设计专业机构。从早期配合新中国成立初期"十大建筑"的家具设计组，到今天的室内院；从曾经配合中国院建筑专业一体化的建筑工程项目，到独立走向市场的室内装修工程项目，室内设计专业经历了 70 年的发展变革，虽经风雨，但团队依旧团结奋进。中国院室内空间院已经在文化观演、教育办公、既有建筑改造与室内装配式装修等多个领域得到社会与行业的广泛认可，完成了大量的优秀工程项目。

　　面对新时代背景下的发展机遇，室内设计专业团队恪守中国建筑设计研究院建筑行业国家队的社会责任，结合自身专业特色与发展方向，以服务优先、创新驱动、绿色发展、和谐共赢为核心价值观，日益进取、不断突破，老、中、青三代室内设计人相互帮扶、团结协作，紧跟时代步伐，以重塑室内空间院品牌形象为使命。我衷心期望你们成为中国院新时期发展的新动力，为成为全国一流的室内设计机构而奋斗！

孟建国
原室内设计研究所所长
中国建筑设计研究院有限公司
室内专业总建筑师

　　室内空间设计研究院有着悠久的历史：它是由中国最早从事室内设计与研究的原建设部建筑设计院室内设计研究所演变而来，也是在曾坚先生、饶良修先生、黄德龄先生等中国最早一代室内设计师的领导下逐步发展壮大的。室内空间设计研究院完成了数百上千个具有影响力的项目，如中国共产党历史展览馆、外交部办公楼、文化部办公楼、北京大学一百周年纪念讲堂、西藏拉萨火车站、首都博物馆、国家体育场、阙里宾舍等室内设计。室内空间设计研究院还参与编写了许多行业书籍和规范，其中《建筑内部装修设计防火规范》《内装修》《民用建筑工程室内施工图设计深度图样》等对行业具有指导和推动作用。

　　室内空间设计研究院有着坚实的现在：从 2003 年整合景观专业，建立环境艺术设计院，到 2021 年独立成立室内空间设计研究院。伴随着改革开放，室内专业走过了蓬勃发展的四十余年。时至今日，室内设计已经成为中国院重要的专业板块，室内空间设计研究院成为设计理念先进、技术实力雄厚、团队人才济济、设计和 EPC 业务并进的室内设计"国家队"。

　　室内空间设计研究院有着光明的未来：室内设计师和建筑师一道，将创造出更多建筑室内一体化设计的精品项目；室内专业将积极探索产品化、装配化、低碳化的时代命题，开创新的发展机遇；在城市更新的崭新舞台上，室内专业大有可为。

　　祝室内空间设计研究院不忘传承，未来可期。

张晔
原室内设计研究所所长
北京德懋堂文化旅游股份有限公司
室内专业总建筑师

　　作为曾经中国建筑设计研究院室内设计研究所（今室内空间院）的一员，我非常感谢能够受邀见证本书的出版。

　　我是室内所的"孩子"，室内所是我曾经的"家"，这里有我的良师，我的益友，更有我共同奋战过的亲爱的同仁们。在中国院的土壤的滋养下，我曾和室内所共同成长，参与并且见证了室内所一路走来的艰辛和收获。回想曾经，从十来个年轻人为三五个项目苦苦打拼的建设部院五所，到现在擅长设计文化、观演、办公、交通等多种类型建筑的室内空间院，参与制定行业标准，以独特的一体化设计优势和多领域的专业设计技能与建筑师协作，参与众多国家重要项目为中国院争得荣誉。这其中的每一个进步都是在中国院支持下的室内人挥洒汗水拼搏得来的。在以崔愷院士为首的杰出建筑师的引领下，在老一辈室内人匠人精神的浸润下，室内所以理性的建筑设计思维和对品质极致的执着在业内脱颖而出，成为在国企设计大院土壤中生长出的独特的存在。

　　如今再见体量壮大、结构丰满的室内空间设计研究院，就像看到幼时的玩伴长成了大个子，眉眼还带着从前的样子，但是骨骼更舒展、眼界更开放、行为更成熟、言语更深刻，令人欣喜，让人钦佩，也让人感动于岁月的历练。在这本厚厚的积累中，我看到了新一代中国院室内人对职业的热爱和激情，看到了他们对设计品质的追求和坚守，看到了他们对设计方法、建造体系、文化传承、管理模式、职业价值的思考和创新，更看到了他们作为大国大院的一员的使命感和担当，也许还没那么完美，也许还不那么成熟，但是足够真诚、足够踏实、足够有光彩。我为曾经和他们一起奋战过而感到自豪，也为他们在管理构架、设计体系、领域拓展、学术研究、科技创新等方面取得的进步和成绩感到欣慰，更为他们的前景和发展满怀期待和信心！祝愿中国院的新一代室内人保持一贯的热忱和坚守，保持追求极致卓越的匠人精神，超越自我，做更好的设计，行更优的服务，创更靓的佳绩，在专业化、职业化的道路上走得更加稳健，更具风采！

室内空间设计研究院的前世今生（代序）

　　70 年来，我们建筑设计院历经机构改革：从 1952 年中央直属设计公司成立，它是当时我国最大的建筑设计公司。1953 年更名为"中央人民政府建筑工程部设计院（简称中央设计院）"。1955 年更名为"建筑工程部工业及城市建筑设计院"。1958 年经历拆分、合并后，更名为"北京工业建筑设计院（简称北京院）"。1969 年机构撤销，除一小部分出身"根红苗正"的设计师，分到北京市建筑设计院外，其余大部分被分配到山西、河南、湖南。1971 年根据形势需要，由 11 家单位重组，并从原建筑工程部北京工业建筑设计院两千多下放人员中人中，调回 150 人再加上在北京的 100 多名设计人员，组成了"国家建委建筑科学研究院"。1983 年定名为"城乡建设环境保护部建筑设计院（恢复设计院建制，简称部院）"。后来又变更为"建设部建筑设计院（简称部院）""中国建筑设计研究院（简称中国院）"，一路走来，直到今天的"中国建设科技集团股份有限公司中国建筑设计研究院有限公司（简称中国院）"。

　　中国院历史悠久，名称虽历经变换，但底蕴深厚，在我国建设事业的各个历史时期中，都发挥了重要的作用，为我国建设事业培养了大批建设人才，支援了很多地方设计院。

　　我国在很长一段时期的建设方针是"经济、适用，在可能的条件下注意美观"，装修是建筑设计的终端环节，是建筑设计的一部分，由建筑师来完成。那时我们的建设是解决有无的问题。室内设计没提到日程上来。国家的一些重点工程、援外工程，还是需要装饰装修的。如最早的北京展览馆、北京饭店西楼、国庆十周年的"十大建筑"。于是我院开始成立装修组，装修组成员来自有一定艺术修养的建筑师。1960 年代初新中国培养的第一代受过系统专业教育的室内设计师充实了队伍，形成了我国室内设计的中坚力量。

　　作为新中国室内设计行业的先驱者，不能不提到奚小朋、杨耀、曾坚、罗无逸。

　　奚小朋、罗无逸都是从建筑工程部工业及城市建筑设计院走出来的，他们是新中国室内设计的先行者。奚小朋先生与苏联专家合作的北京展览馆建筑装饰设计，北京饭店西楼室内装饰设计已经作为经典载入中国室内设计史册。他到中央工艺美术学院后，除了开设室内设计课程外，又创作了不少经典作品：新北京饭店室内装饰、人民大会堂室内装饰（万人大会堂、人大常委会会议厅、中央大厅、宴会厅、东门过厅、友谊大厅）、民族饭店建筑装饰、民族文化宫室内装饰。奚小朋先生在建筑装饰、室内装饰设计领域、室内教育领域作出的诸多贡献，堪称中国室内设计殿堂级人物。他是我们设计院的骄傲，更是中央工艺美术学院（现为清华大学美术学院）的骄傲。

杨耀是中国明式家具研究的开创者之一，他与辅仁大学德籍教授古斯塔夫·艾克合作共同研究明式家具，协助编写的《中国花梨家具图考》成为中国明式家具研究的范本。1962 年他调入北京工业建筑设计院任总建筑师，指导"家具组"工作。

曾坚毕业于上海圣约翰大学，从事家具设计研究，共产党员，中华人民共和国成立前即参加学运活动，1960 年从上海调进北京工业建筑设计院，任第五设计室主任。他作为室内设计专业队伍建设的引领者，1960年 3 月在全国建筑设计院中第一个成立了以家具设计为主的室内设计组，开展家具、卫生陶瓷、建筑门窗五金、灯具、水暖五金的研究设计开发，大大改善了建筑制品水平不高的现状。我们终于有了成套的性能优越、造型美观大方的"601""6201"卫生洁具。在计划经济下，厂家有什么，按计划买什么，他们提供的产品满足不了建筑设计的要求。于是重点工程的家具设计、灯具设计被室内设计组接手代劳了。室内设计组还做了很多前瞻性、开拓性的工作，为了解决高水箱漏水问题，设计了无塞封虹吸式水箱，这一成果在北京市得到了推广；为了解决洗脸盆龙头橡皮垫圈老化漏水问题，开发了陶瓷芯阀，现在已普遍应用推广；当时还研制出了感应龙头，但没有市场化、商品化。过了几年日本推出了感应龙头风靡世界。室内设计组从 1962 年开始承接室内设计工程。这些工程大多是援外项目，如蒙古国家迎宾馆、百货大楼、政府大厦，其中家具都是由室内设计组专门设计，国内加工制作总数达一万多件。巴基斯坦综合体育设施、斯里兰卡班达拉奈克国际大厦、塞拉利昂政府大厦、几内亚人民宫等室内装饰设计，博得了受援国的好评。同时，我们也完成了一些国内标志性工程的设计，如北京首都机场、上海虹桥机场的室内设计。室内设计组还作了大量的理论研究工作，其中根据人体工程学原理提出的坐姿曲线，对家具设计有重要的指导作用。室内设计组还对明式家具作了大量的研究，绘制了平面、立面、剖面、透视图，为我国家具继承传统提供了理论基础和宝贵的资料。二十几年来的设计实践和经验，为我院室内设计的发展打下了坚实的基础。1989年中国建筑学会室内建筑师分会成立，曾坚被推举为第一任会长。

中国院被誉为"拳头院"，人才济济，拥有大批享誉全国的建筑设计大师，其中对室内设计专业影响最大的两位是：戴念慈总建筑师和林乐义总建筑师。在他们的建筑创作中，从整体到细节都要求做到高标准、有新意。在大师指导下做设计终身受益，室内设计队伍得到大量的实践机会，学会了做事、做人。在这个环境下年轻设计师成长得很快，我们这支队伍中的陈增弼、张绮曼、黄德龄、劳智权和我日后都活跃在我国室内设计行业中，各有建树。

这支专业技术队伍，从中南海怀仁堂、紫光阁、国家领导人书房及卧室设计、杭州国宾馆等室内装修的高起点起步，到国家领导人专机、国际列车内饰设计，再到援外工程。这些珍贵的机会锻炼了队伍，积累了经验。

1983年中国院在全国建筑设计院中率先成立了室内设计研究所，依托中国建筑设计研究院的雄厚实力，始终致力于室内设计的研究与实践，多年来走过了一条不断探索和创新的道路。

北京展览馆建筑装饰，北京饭店西楼室内装饰，北京首都剧场、北京电报大楼、北京火车站和全国农业展览馆的室内装修等，代表了当时我国室内设计的最高水平，开创了新中国室内设计之先河。这些项目对我国建筑装饰设计、室内设计产生了广泛而深远的影响。

改革开放推动国民经济高速发展，对外开放开阔眼界，人们对建筑的功能、舒适性、室内美学等方面的要求不断提高。房地产业的兴盛、促进了室内设计迅速发展，室内设计作为一个独立行业应运而生。1983 年在室内设计组的基础上，建立了室内设计研究所。室内设计研究所致力于继承与发展中国优秀传统，并与现代设计理论相结合，学习和引进国外的先进理念与技术，努力创造新时代的室内设计精品。这一时期设计的山东曲阜阙里宾舍就是一个成功的范例。宾舍建筑在形体、用材，色彩等方面与相邻的孔府、孔庙的环境、空间，风格上融合协调，环境设计与室内设计和谐统一，儒家文化浸润于现代化宾舍的里里外外，创造了一种清净、朴素、简约、高雅的室内环境，具有厚重的传统文化底蕴和深度感。这个项目获得了中国"八十年代建筑工程优秀作品奖"。这一时期的重要作品还有：北京图书馆（现国家图书馆）获得全国优秀工程设计奖金奖、国家质量奖银奖、建设部优秀设计奖一等奖、八十年代北京十大建筑奖；北京国际饭店是改革开放后我国第一批从建筑设计到室内设计全部由中国设计师完成的大型涉外宾馆，1988 年被评为八十年代北京十大建筑第五位，获全国优秀工程设计奖银奖、建设部优秀设计奖一等奖、北京市建筑装饰工程奖；梅地亚中心获得建设部优秀设计奖；外交部大楼获国家优秀工程设计银奖、建设部优秀设计二等奖；全国政协办公楼获建设部优秀设计表扬奖、中国建筑学会优秀创作奖提名奖、北京市建筑装饰成果汇报展优秀设计奖；文化部办公楼获北京市第二届建筑装饰成就展览会优秀建筑装饰设计奖；深圳发展中心大厦室内设计获中国建筑学会建国六十周年优秀创作奖等。

室内设计研究所积极参与《建筑设计资料集》第二版、《全国房屋建筑设计技术措施》《商品住宅装修一次到位实施细则》、国家建筑设计标准图集《民用建筑工程室内施工图设计深度图样》《内装修—墙面装修》《内装修—楼（地）面装修》《内装修—室内吊顶》《内装修—细部构造》《建筑吊顶工程技术规范》《建筑内部装修设计防火规范》《建筑装饰工程概预算编制与投标报价手册》等的编制工作。

室内设计研究所在行业发展中也发挥了领头作用。1988 年受中国建筑学会理事长戴念慈和秘书长张钦楠委托，由建设部建筑设计院室内设计研究所牵头，联络在京兄弟单位：中央工艺美术学院、北京市建筑设计院成立室内设计学会工作小组，草拟了组织细则，理事会章程，上报建筑学会，然后联络同济大学、华东建筑设计院、西北建筑设计院、东北建筑设计院、西南建筑设计院、四川省建筑设计院、广州市建筑设计院、重庆建筑工程学院、鲁迅美术学院、吉林美术学院、杭州美术学院、广州美术学院等单位成立筹备组。学会定名为"中国建筑学会室内建筑师分会（对外称中国室内建筑师学会）"，上报中国建筑学会，1989 年在建设部建筑设计院召开了会员大会，讨论通过了学会组织细则、理事会章程，选出了第一届理事会，推举奚小朋为名誉会长，选举曾坚为第一任会长，饶良修、张士礼、刘振宏为副会长。理事会任命饶良修为秘书长，学会挂靠建设部建筑设计院室内设计研究所，秘书处负责学会的日常工作，经中国建筑学会批准，中国科协备案的中国建筑学会室内建筑师分会正式成立。1995 年全国所有社团划归民政部管辖，学会被更名为中国建筑学会室内设计分会。学会秘书处坚持把学会办成会员的服务机构、学术团体，每年组织一次年会，关注行业的热点、焦点，组织国内外学术交流，组织不以赢利为目的设计大赛，评审公平、公正、公开，宁缺毋滥评出真正好的作品。大赛褒奖设计的原创性、艺术性，鼓励前沿探索性的多元表达，成就了一批室内设计界的知名设计师。学会重视理论建设，创造良好的学术氛围，与南京林业大学合作把原来的《家具》杂志，变为会刊《室内》杂志，其后又与天津科技出版社合作创办了会刊《家饰》，普及家装知识。1997 年学会理事会决议创办一年一期的《中国室内设计年刊》，全面扫描行业创作动态，真实地记录了当年的设计水平，从 1997 到 2007 整整办了十年，记录下这一时期设计师的创作激情、智慧和水准，反映了中国室内设计前进的步伐和轨迹。

今天的中国院室内空间院与清华大学、中央美术学院、北京建筑大学等多家国内相关高校建立了良好的合作办学模式，形成了优质的专业后备力量基地。

中国院室内空间院业务范围涵盖室内项目咨询管理、室内工程设计总承包、EPC 工程设计服务、室内装配式技术研发、室内绿色创新技术研究。项目类型涵盖国家重大型基础设施建设项目、地方标志性建设工程，以及文化、文教、办公、体育、医养、商业、展陈等室内空间环境一体化设计项目。

近年来中国院室内空间院不断发扬优良传统，开拓探索，以服务优先、创新驱动、绿色发展、和谐共赢为核心价值观，以服务国家战略、传承本土文化、关注民生建设、创新绿色发展为战略发展定位，不断挑战自我，发扬与时俱进的精神，努力成为国内一流的室内环境设计综合服务商。室内空间院立足于中国院建筑全专业综合能力优势，将为我国室内设计行业的发展作出更大的贡献。

原室内设计研究所所长

前言

　　"1952 ～ 2022"正逢中国建筑设计研究院建院 70 周年之际，作为国家最早设立的室内机构之一，中国建筑设计研究院室内设计专业团队与院公司共成长，历经家具设计组、室内设计研究所（综合五所）、北京筑邦装饰有限公司、环境艺术设计研究院等多个历史时期。在这 70 年的发展中中国院涌现出多位中国室内设计行业的先行者，如奚小朋先生、杨耀先生、曾坚先生、罗无逸先生，饶良修先生、黄德玲先生等；也造就与培养了多位行业领袖与优秀设计师，如孟建国、赵宏、张晔、盛燕、郭晓明、谈星火、董强、邓雪映、饶劢等。团队完成了一个又一个具有时代烙印的设计作品，例如北京展览馆、北京饭店西楼、北京首都剧场、北京电报大楼、北京火车站、全国农业展览馆、2008 年北京奥运会主场馆贵宾厅、2019 年世界园艺博览会中国馆、2022 年北京冬奥会延庆赛区、全国政协礼堂、文化部办公楼等的室内设计。

　　2021 年 1 月 1 日在中国院几代室内设计人的共同努力下，室内空间设计研究院正式成立，它标志着室内设计专业从一个大院体系下单一型的配合专业逐渐走向了更为综合性的发展道路，其业务模式在室内设计咨询类的基础上，延伸出更多的业务渠道并连接了更多的产业链条。现在中国院室内空间设计研究院人员规模达到百余人，产值规模近亿元，真正成为中国院的又一新的业务增长点。在行业内，室内空间设计研究院担任了中国建筑学会室内设计分会常务理事单位、中国建筑装饰协会设计分会副会长单位、中国室内装饰协会理事单位，积极为行业发展贡献力量。今天的室内空间设计研究院已经形成了以室内空间全专业一站式服务模式为基础，以匠作、匠心两种文化品牌为依托，以一体化、本土化、产品化三种设计思维为方法，以服务国家战略、传承本土文化、关注民生建设、创新科研技术四种战略定位为目标的整体部门运营系统。

　　《匠心之作》这部迟来的汇编之作是在继承老一辈中国院室内设计人匠心精神基础上，收录了近年来新一代室内设计人的优秀作品、设计感悟与工作心得。希望通过大家这些真诚的文字总结经验、认知自我、展示形象，知行合一。

　　向过去致敬——我们要感谢所有曾经在中国院室内设计专业工作过的前辈与专家，是你们的孜孜耕耘与辛勤付出才有了现在室内空间院的优秀基因与行业地位；

　　向现在致谢——我们要感谢所有中国建筑设计研究院的院士、大师及各位优秀的建筑师同仁，在与你们不断的合作与学习中让我们开阔了视野、坚定了信念；

　　向未来致盼——我们要感谢时代的发展与国家的进步，在国家高质量发展的驱动下，不断学习、不懈奋斗，我们坚信室内空间设计研究院必将迎来更加美好的明天！

室内空间设计研究院 院长 曹阳

2022 年 12 月

目录

第二章 方法

第一节 一体化

第二节 本土化

第三节 产品化

第三章 文化

第一节 匠心

第二节 匠作

第四章　服务

第五章　感悟

行业荣誉

第
一
章

定位

第一节

服务国家战略

以央企性质为担当，
做国家重点项目、重点区域、
重点领域的坚实服务者。

国家体育场中心贵宾区

文 / 饶劢　摄影 / 张广源

国家体育场为 2008 年第 29 届夏季奥林匹克运动会的主体育场，观众坐席约为 9.1 万个，其中临时坐席约 1.1 万个。在此举行奥运会及残奥会田径比赛，男子足球决赛及开、闭幕式。赛后可举办国际、国家级的田径比赛、足球比赛，并可提供运动、休闲、健身和商业等综合性服务。

国家体育场位于北京奥林匹克公园中心区南部。西侧为 200m 宽的中轴线步行绿化广场，东侧为湖边西路龙形水系及湖边东路，北侧为中一路，南侧为南一路，成府路在地下穿过用地。

国家体育场中心贵宾区室内设计是国家体育场工程的重中之重，精装修设计方案通过对不同材料、不同色彩、不同元素的运用，将传统文化、国际潮流、人文关怀等元素有机地串联在一起。灵活机动的功能分区处理，充分体现了三大奥运理念，并贯彻了节俭办奥运的精神，让置身其中的不同人群体会到激动、热烈、兴奋、尊贵的感受。

零层贵宾到达点是整个贵宾区的过渡区，它肩负着接待与登记的功能，也是该区域的交通过渡区。整个区域的装饰装修及照明设计以一个由暗到明的渐进过程，打造迎接的空间气氛，前置的深色玻璃隔墙通过反光效果虚化了空间的界线并为来宾创造了一个"舞台"，通过光的接引让人们自然而然地前往上层空间。同时玻璃隔墙的反射效果强调了国家体育场钢结构的壮观及其独特性。

此区域顶棚使用的阳极氧化铝格栅灵感来自中国传统屏风中惯用的冰花格元素，通过旋转基本单元模块使得图案可以无限连续，又可避免图案过度重复。而同样的单元模块通过不同的排列组合最终呈现的效果也是多样的。

通过扶梯进入二层贵宾休息区，扶梯区交通核采用金色锦砖为装饰材料对洞壁四周进行了包裹，强化了尊贵的视觉感受。

整个二层贵宾休息区受到建筑空间的约束分为

中国传统屏风冰花格元素

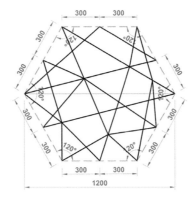 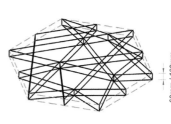

阳极氧化铝格栅吊顶图纸

阳极氧化铝格栅吊顶现场照片

三个独立区。作为国家级礼宾场所，设计中希望通过典型的中国元素向世界展示东道国悠久灿烂的传统文化。同时作为奥运会期间的高级会晤休息场所，又能以不同的主题，分别体现与体育运动、主体育场建筑元素之间的联系。最终确定会见厅主题为"喜鹊登枝"，颜色基调为红色；中方贵宾休息厅主题为"运筹帷幄"，颜色基调为金色；国际贵宾休息厅主题为"天行健"，颜色基调为银色。红、金、银（灰）色均为国家体育场中所运用的主要色调，三种不同主色调各自代表了不同的含义，营造不同的氛围。

一 | 会见厅

主会场建筑与结构语言是采用像树枝编织的"鸟巢"，而室内设计中采用"喜鹊登枝"为题则象征着小鸟回巢，希望借此与主会场建筑产生密切关联。

主色调：红色——中国、欢乐、庆典、庄重典雅。

墙面及顶棚采用鸟形纹样形成从墙面到顶棚连续飞翔的效果，再通过灯光与图案结合形成富有层次的整体效果。鸟形纹样最初欲采用玻璃雕刻的方式，借玻璃自身的通透性，在灯光映衬下使纹样更朦胧。

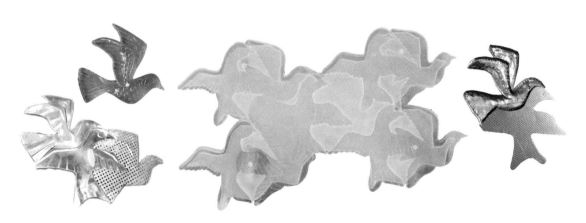

鸟纹材质推敲过程

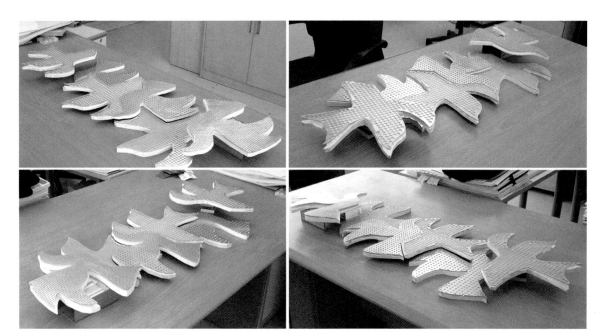

鸟纹材质推敲过程

会见厅现场照片

经试制玻璃制品无法解决隐藏安装点的问题。项目设计组转变思路，利用铝合金，通过对鸟纹表面凹凸肌理以及穿孔的变化形成最终的效果。

考虑到会见厅可能会根据不同需求重新组隔，而现场几根结构柱斜穿于室内空间，产生了异常割裂的效果。为满足功能需求，更为弱化结构，在会见厅采用活动隔断作为装饰屏风兼顾组隔功能。活动隔断以连理交织的古树作为饰面图案，树下有人

把酒言欢，表达中国人民追求和谐世界的愿望。原设计欲采用我国传统雕漆工艺，但由于其工艺加工周期过长，最终根据项目工期选择了漆线雕。

为了强化设计主题，在背景墙以及门饰的处理上除了再次以鸟纹（喜鹊与和平鸽）为元素，还使用了另一种中国传统工艺——螺钿镶嵌作为装饰手段，突出了鸟形图案对于空间的装饰。

二 | 中方贵宾休息厅

《史记·太史公自序》："运筹帷幄之中，制胜于无形，子房计谋其事，无知名，无勇功，图难于易，为大于细。"后世据此典故引申出成语"运筹帷幄"。围棋包含了丰富深厚的中国文化内涵，也与体育运动相关。

主色调：金色——中国、尊贵、典雅。

墙面及顶棚采用高精石膏拟型挂板，经纬纵横的方格，结合内透的灯光，形成围棋与棋盘的视觉效果，表达"治国如行棋"的主题。背景墙则采用了传统山水国画，以"对弈"为引，复扣"运筹帷幄"的深远含义。

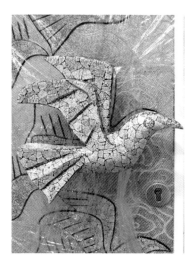

实施后的鸟纹效果呈现

中方贵宾休息厅墙面细节

中方贵宾休息厅现场照片

三 | 国际贵宾休息厅

主题为"天行健，君子以自强不息"，"健"和"自强不息"表达体育精神，展示中国源远流长的生命哲学和体育运动传统。

主色调：银色——高尚、尊贵、永恒。同时银灰色是国家体育场的外观主色，也是国际化的一种表达。

厅内墙面由展示中国传统体育运动的若干画幅（如足球、马球、射箭、武术等）系列拼组而成，犹如一幅徐徐展开的中国体育运动发展历史长卷。

顶棚则采用与二层会见厅金色顶格相呼应的银灰色不规则图案组成，灯光与金属顶板融为一体。

国际贵宾休息厅现场照片

国际贵宾休息厅墙面细节及体育题材画幅局部

2022 年北京冬奥会延庆赛区场馆

文 / 马萌雪、张超、张洋洋、李毅
摄影 / 陈鹤、孙海霆、张玉婷、张音玄

一 | 项目概述

延庆赛区场馆总体设计理念为"山林场馆、生态冬奥",在此指导下,中国院室内空间设计研究院负责的国家雪车雪橇中心室内设计、国家高山滑雪中心室内设计、冬奥村室内设计、山地新闻中心室内设计项目秉持了"绿色、共享、开放、廉洁"的办奥理念,保证赛时功能,兼顾赛后使用;保障空间功能,兼顾成本控制。为达到以上目标,室内设计采取了以下几点创新性、适应性的设计策略:

1. 与建筑专业一体化的设计

室内设计以延续建筑设计逻辑展开,作到形式上的统一,提高整体建筑空间设计工作效率,在前端发现问题、解决问题,避免了土建与装修的二次拆改与调整,最终快速地实现场馆主体建筑的工程建设按时完工。

2. 分级、分区的设计策略

室内设计使用分级、分区的设计策略,将涉及区域分为三类,一为重点设计区域,即游客或外界工作人群使用空间,设置为永久使用用房,赛时作为接待使用,这类区域的设计需功能完备、选材优良、装修美观,以保证长期的使用需求;二为灵活设计区域,多为赛时工作人员使用的功能性用房、人员通道及走廊,此区域赛后有变换功能的可能性,需要着重考虑并提供灵活性的设计构造和预留,为功能改变提供前瞻性、预判性的设计;三为标准配套区域,多为临时性用房、赛时辅助用房,赛后确定会有功能变换,这些区域的装修要求不高,需严格控制造价,提供最基础的装修做法。

3. 适应国际赛事的冬季场馆施工的设计

由于赛区的特殊挑战性、工期的紧迫性以及赛事高标准的要求,会出现装修和土建同时施工的情况,造成室内专业需要随时随地与多个分包单位、多个专项专业进行交流和配合。传统的设计配合手段无法满足这样复杂工程的管理、施工、协调、配合的需求,延庆赛区场馆室内设计中,我们创新地采用了以下设计手段:

(1)多预留,少拆改

面对诸多的不确定性,室内设计采用"多预留,少拆改"的设计策略,巧妙地预留预判,考虑到空间使用过程中的功能与设施变化,拒绝空间内"做满做死"。

(2)重加工,少施工

场馆建筑所处的环境为高寒高湿气候,高海拔地理位置造成施工难度较大、危险性也较高。"重加工、少施工"的策略,就是通过设计手段使室内工程建设的核心场所和工程量占比进行转移和缩减,通过标准化、模块化、产品化的设计方式,增加工厂化加工的工作量,减少现场施工操作的工作量(现场安装工作增加),实现工程建设工业化。

(3)注建造,全周期

室内设计加强对设计、选材、工程管理、施工工序、成本控制等各个环节的把控,拒绝在项目全过程阶段中出现虎头蛇尾现象。

以下分别从四个项目角度介绍各自的特点及设计策略。

二 | 国家雪车雪橇中心

　　国家雪车雪橇中心是北京 2022 年冬奥会及冬残奥会延庆赛区场馆设施建设项目的子项目之一，位于延庆赛区北区小海坨山南麓高海拔区域，是我国第一条达到奥运赛会标准的雪车雪橇运动赛道，是本届冬奥会最难设计、最为复杂、最具挑战性的冬奥场馆之一。

　　室内设计主要区域包括：出发区、结束区（含场馆媒体中心）、训练道冰屋、团队车库、制冷机房、运营及后勤综合区、媒体转播区、主观众广场等。赛后国家雪车雪橇中心将作为中国国家队训练基地，承接国际、国内的雪车、钢架雪车、雪橇的赛事，同时作为大众体验参观及赛后运营配套设施。

　　国家高山滑雪中心和国家雪车雪橇中心是延庆赛区的两个赛会场馆，两个场地依山势叠落。在室内设计中，为增加场馆空间及功能空间的视觉体验感和视觉识别度，我们结合奥运五环和 2022 年北京冬奥会配色系统进行色彩提炼，根据场馆分布的海拔从高到低，衍生设计了一套连贯的色彩逻辑体系。根据海拔越高，气温越低，色彩越热烈的原则，将

国家雪车雪橇中心鸟瞰图

出发准备区及赛道

结束区观众看台、颁奖区、评论席

结束区奥运大家庭区和媒体发布厅

暖色应用在海拔较高的国家高山滑雪中心，以提高使用者"温暖"的感受。而国家雪车雪橇中心海拔相对较低，选用了蓝色作为主题色，使人联想到天空、冰川，给人以"凉爽"的感受，冷静祥和。

经由国际奥委会及国际体育单项组织审核，国家雪车雪橇中心场馆达到国际同类型场馆的领先水平，在弯道数量、赛道长度、速度、难度、趣味性、安全性、展示性等方面全面可称为世界最先进的雪车雪橇场馆之一，并于2022年2月4日至3月14日圆满完成了北京2022年冬奥会及冬残奥会所有雪车、钢架雪车、雪橇项目的比赛项目。赛后该场

馆将继续作为比赛场地，用于承接和举办各类高级别相关赛事，同时为国家队提供专业的训练场地。国家雪车雪橇中心也将成为值得传承、造福人民的优质资产和传播至全世界的中国文化新地标，使得项目在完成奥运比赛的同时，也成为可持续发展的奥运遗产。

出发区	结束区	运营区	冰屋
冰蓝	天霁蓝	天青	湖蓝

国家雪车雪橇中心主题色

出发区运动员热身房

2022年冬奥雪车比赛实况

山顶出发区 2F 就餐区域

延庆赛区场地区位

三 | 国家高山滑雪中心

国家高山滑雪中心位于延庆赛区北区、小海坨山南侧高海拔区域，进行了北京 2022 年冬奥会及冬残奥会所有高山滑雪项目的比赛。比赛项目按照男子和女子分别包括：高山滑降、回转、大回转、超级大回转、平行回转及团队回转。

遵循可持续理念，采用单一场馆模式、分散式布局，场馆内同时规划竞速、竞技两类场馆，由集散广场及竞速结束区、竞技结束区、中间平台、山顶出发区等四个建筑组成。赛区场馆最高海拔可达 2198m，建筑性质为甲级体育建筑，其中永久建筑面积约 4.3 万 m^2，临时设施面积约 1.6 万 m^2；地上 2~5 层，地下 1 层，层高 4.00~7.50m，建筑高度 24m 以下；总观众席位数达 8000 人，其中，竞速结束区观众席位 4000 人，竞技结束区观众席位 4000 人。该场馆是中国第一座按冬奥赛事标准建设的高山滑雪场馆。相应的室内设计范围包括：公共走廊、电梯厅、楼梯间、卫生间、办公区、运动员休息区、保暖大厅、商品零售区、山顶出发区餐厅、售卖等功能空间。

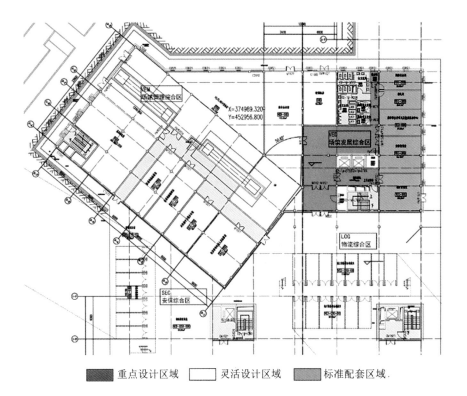

分级设计策略

■ 重点设计区域　□ 灵活设计区域　■ 标准配套区域

国家高山滑雪中心采用了前文所述设计策略，并在项目中应用了从奥运五环和 2022 年北京冬奥会配色系统中提炼的色彩体系，根据海拔越高，气温较低，色彩越热烈的原则，除山顶出发区外，其他场馆根据海拔，结合红黄两色提炼出暖色的几种色阶应用于场馆之中。

本项目是国内第一座按冬奥赛事标准建设的高山滑雪场馆，室内设计团队在复杂的施工条件与多专业的密切配合中，积累了重大赛事场馆的室内设计经验。北京 2022 年冬奥会和冬残奥会的圆满结束，证明场馆室内设计部分经受住了赛时运营的考验，为改造的预留，仍需后期长时间的运营来验证。

山顶出发区餐厅

走廊及卫生间

景观走廊

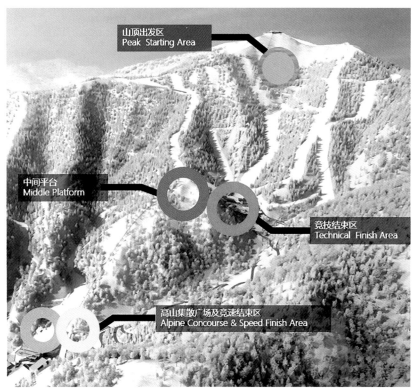

山顶出发区
Peak Starting Area

中间平台
Middle Platform

竞技结束区
Technical Finish Area

高山集散广场及竞速结束区
Alpine Concourse & Speed Finish Area

海拔越高，气温较低，色彩越热烈

标高1235.10

标高1466.50

标高1554

标高2172.60

国家高山滑雪中心各区域不同海拔高
度场馆色彩系统提炼

四 | 冬奥村

冬奥村同样延续了上述整体室内设计策略,其客房竖井作为基本竖向锚固单廊布置,各个楼层前后扭转构成基本的剖面单元,有利于不同楼层和位置的房间围绕树院向景观方向开敞,形成虚实丰富的内外界面和观景视野。

本设计打造"低碳化"的技术体系,逐步改善现有建筑装修方式的高污染、高能耗、多噪声、多浪费的问题。采用的具体措施包括:①进行装修板块的碳排放计算。以装配式装修基础部品为研究对

冬奥村总平面图
1- 运动员组团 1
2- 运动员组团 2
3- 运动员组团 3
4- 运动员组团 4
5- 运动员组团 5
6- 运动员组团 6(场馆团队办公室、
   奥运村通讯中心、交通指挥中心)
7- 奥运村广场(商业)
8- 健身中心、娱乐中心
9- 升旗广场
10- 奥林匹克休战墙 / 残奥墙
11- 访客中心
12- 奥林匹克 / 残奥大家庭
13- 奥运村媒体中心
14- 多信仰中心、代表团团长大厅、
   NOC/NPC 服务
15- 综合诊所、兴奋剂检查站
16- 运动员餐厅、员工餐厅
17- 技术、安保、志愿者之家、员工中
   心、值机柜台前移
18- 村落遗址
19- 缆车站
20- NOC/NPC 停车
21- 运动员班车站
22- 奥林匹克 / 残奥大家庭、媒体、访
   客上落客区
23- 应急通信停车
24- 警务停车
25- 礼宾停车
26- 消防站
27- 清废综合区
28- 采样车辆停车区

0 20 50 100m

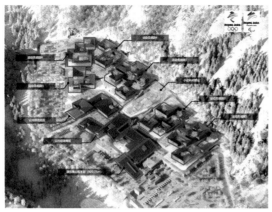

冬奥会延庆赛区鸟瞰、冬奥会延庆
赛区整体风貌

延庆冬奥村立面图、室内空间与庭
院关系

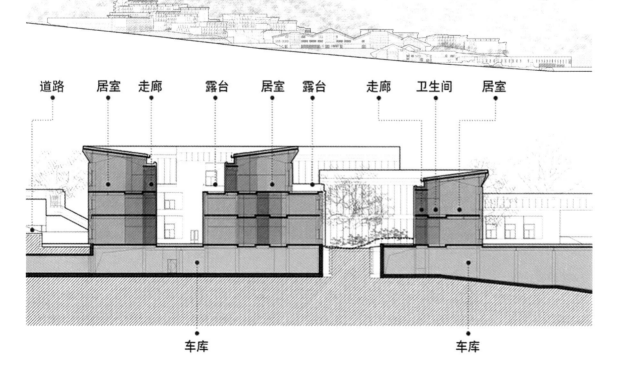

道路　居室　走廊　露台　居室　露台　走廊　卫生间　居室

车库　　　　　　　　　　车库

赛时运动员客房实景

冬奥村装配式运动员公寓、洗漱
区和卫生间

赛时冬奥村暖廊效果图

赛时冬奥村暖廊及室内色彩示意

象，通过构建基础部品全生命周期碳排放计算模型，并以本项目的装配式系统为例进行总碳排放量计算，结果显示装配式装修节能减排效果显著。②减少碳排放比较高的水泥、陶瓷等材料的使用数量。③选用使用寿命比较长的装配式装修部品。④在装配式装修技术体系或产品体系选型过程中，综合考虑部品生产加工、运输、建造、运维、拆除等全过程的资源消耗情况，结合产品成本和技术优势，统筹筛选建立更加绿色低碳的产品。产品经过工厂生产集成，在现场高效安装，替代了传统低效率、手工作业的模式。

赛后功能上考虑设置两个酒店及景区接待中心，南侧靠近观众广场设置景区接待中心及面向西侧大众雪道的餐饮功能；利用公共组团南侧平台作为南侧酒店的出入口，与1～3居住组团组成一个休闲度假酒店；利用雪道下方隧道进入公共组团北侧平台作为北侧酒店的入口，与4～6组团组成一个山地滑雪酒店。公共组团的服务功能可共享使用，满足不同人群需求，为冰雪运动、山地活动爱好者及大众服务，促进冬季冰雪运动及四季旅游。

暖廊系统利用地下及地上室内连廊联通所有居住组团和公共空间，是适应全天候的室内无障碍通道，践行了低碳原则。

五 | 山地新闻中心

山地新闻中心位于北京市延庆区张山营镇，本项目赛时为新闻中心，赛后转化为山地温泉水疗中心。设计按满足赛时功能进行设计，并为赛后改造预留土建及设备条件。山地新闻中心赛时可提供新闻媒体的赛事新闻发布及办公场地，包含新闻媒体工作区、多功能活动区、休息区、后勤服务区等功能区，并与赛区交通设施联系密切，可在赛时为新闻媒体及记者提供国际化、专业化的服务。

平面图

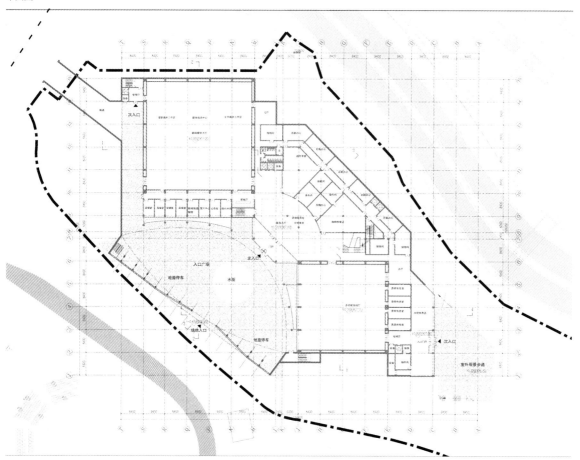

方形天窗构造

山地新闻中心沿台地走势依次展开，以中心的入口广场、门厅及休息厅为核心，向南北两翼延伸，占地面积约 2.5hm²，建筑面积共计 19355m²，地下 9355m²，地上 10000m²，其中超低能耗建筑示范面积 16475.5m²。功能包括：门厅、咨询服务、快餐零售、后勤服务、新闻媒体大厅、媒体办公区、多功能厅、休息区等，其中新闻媒体大厅 1745m²，多功能厅 1135m²，会议室 211m²。

山地新闻中心是延庆赛区的近零碳排放实验示范建筑，为低碳冬奥助力。建筑采用覆土设计，充分利用土壤的蓄热性能达到节能。室内设计遵循了前文所述设计策略，项目结合室外气候，通过外窗设置和材料选用等措施来挖掘项目自然采光潜力，覆土及大空间部分区域设置采光天窗来加强自然采光。方形天窗上安装光伏系统，要求安装容量不低于 128kWp，同时安装位置限制在方形天窗上。在建筑方形天窗上侧单独设置光伏专用龙骨，龙骨采用 80mm×80mm×5mm 热镀锌方钢组成，每个天窗与光伏龙骨有 4 个支撑点。顶棚采用照明与 GRG 吊顶结合的方式，环保且防火性能好，经久耐用。

六 | 感悟

把中国人的文化理念、生态价值观传递给世界，是延庆赛区设计一以贯之的核心思想。每个奥运工程，都是在创造历史，而我们室内设计师正是在与全专业协调设计，并与优质甲方、建设施工方的共同努力下，呈现世界级别的优质场馆，为冬奥贡献自己的力量。

展示接待中心

展示接待中心外景

北京城市副中心市政府及委办局办公楼

文 / 董强、邓雪映、米昂　摄影 / 张广源

一 ┃ 项目概述

"聚焦通州战略，打造功能完备的城市副中心"是北京市委、市政府提出的发展目标，由此也更加明确了北京市围绕中国特色的世界城市目标，推动了首都科学发展的重大战略决策。北京城市副中心要构建绿色共融、多组团集约紧凑发展的生态城市布局，着力打造国际一流和谐宜居之都示范区、新型城镇化示范区、京津冀区域协同发展示范区。

行政办公区作为通州副中心的核心节点之一，承担着疏解北京城市功能的任务，具有极为重要的示范作用。北京城市副中心市政府及委办局办公楼位于北京市通州区运河东大街 57 号，2015 年 12 月室内专业开始投入工作；2016 年 9 月室内设计进行方案比选；2017 年 4 月确定室内专业由中国院牵头，联合清尚共同设计，经过几年紧张的工作，2018 年底，项目竣工。

北京城市副中心市政府及委办局办公楼室内设计充分贯彻"创新、协调、绿色、开放、共享"五大理念，以其作为指导设计的核心要求，力求满足当代政府需求，展现政府新形象。室内空间以追求庄严典雅为设计原则，秉承集约高效、朴素庄重的设计内核，用简洁现代的手法，将室内空间与建筑、景观进行有机联结，遵循顶层设计，统筹把控，创造出简洁、大气、亲民、富有文化的中国政务办公空间新形象。

二 ┃ 项目策略

1. 庄重典雅的时代风貌

2015 年 12 月召开的中央城市工作会议强调：要结合自己的历史传承、区域文化、时代要求，打造自己的城市精神。因此，我们在室内设计中，延续建筑空间的传统意蕴，坚持文化自信，体现中国元素的文化基因。特别在重要的礼仪、接待空间，

北京城市副中心市政府及委办局
办公楼外景

会议楼 300 人会议厅

主楼接待厅

在中正、大气的空间构架里，表达传统文化的装饰细节。

2. 绿色简朴的设计标准

依据《党政机关办公用房管理办法》以及相关质量体系标准文件作为设计准则，严格控制装修标准。

根据空间性质，把室内空间分为形象门厅、交通空间、礼仪接待、报告活动、办公会议等几种不同的空间类型，对装修材料严格把关，做到绿色、简朴，不超标。

3. 集约装配的建造方式

北京城市副中心市政府及委办局办公楼作为示范性项目，不仅在整体理念和设计方案上进行严格把控，施工过程中，保证高效高质是实施建造的准则。建筑整体采用了集成装配式的建设理念。

传统的外幕墙施工工期大致需要 4 个月以上，并且受到季节性的影响，施工周期更加不可控。办公楼采用装配式幕墙做法，通过模块化设计，在工厂预制加工，大大缩短了施工周期，仅需要几天时间即完成外幕墙的组装工作。施工过程产生的噪声和粉尘污染也大大降低。

由于幕墙的模块化处理，室内空间布局也形成了标准模块，明确使用单位的人员编制需求及党政机关用房标准后，办公用房区同样采取了标准化、模块化手法。建筑外立面装配式幕墙的组合，室内装修的集成化设计，形成了内外一体的装配工艺。现场施工安装的过程，像搭积木一样顺畅安全、高

效高质，为装配式办公建筑的广泛应用作出了正向的范例。

室内在满足国家规范和功能的前提下，将灯具、喷淋、进风口、排风口、烟感报警系统等设备功能集装到设备带，与矿棉板吊顶的模数相匹配。装修完工的吊顶整体性强，整洁有序，干净利落。

主楼走廊过厅

办公大厅

走廊

元素，提取必要的建筑元素作为呼应，获得了业主方高度认可。

施工阶段，在保证品质的前提下，空间使用的便捷度和细部施工处理也是考量的因素。例如，为了方便后期检修，且不额外增设检修口，办公室走廊等区域采用了矿棉板活动板材；大会议室风管凸起墙面，从视觉上看，美观度打了折扣，经过思考，此部分结合包封做法进行造型处理。面对一个个现场遇到的情况，设计师积极调整解决，抽丁拔楔，我们才得以在竣工时，看到了如此高品质的办公建筑。

三 | 感悟

方案初期与总设计师崔愷院士沟通时，崔总提出北京城市副中心不仅要庄重沉稳，更要突出舒适、亲人的属性。建筑整体风格在新中式的格调下有所创新，室内在融合表达时，也需要突出新中式，融合园林的尺度和元素，这一方向给了我们非常好的抓手，去重新审视办公类项目的设计，在细部的表达上逐渐清晰。在方案汇报过程中，业主方非常认可整体方案，但同时提出了降低装修标准的要求。如何能既体现高雅庄重的品质感，又节省装修造价，是必须要解决的问题。因此，我们通过多轮的方案效果与材质的对比，最终化繁为简，去掉线性装饰

四 | 结语

2019年1月11日，北京市级行政中心正式迁入北京城市副中心。历时四年，数百名设计师共同工作，紧密配合，为项目的按时竣工付出了大量的心血，共同见证了这项具有历史意义的项目的建成。在本土设计理念的指导下，新时代党政办公建筑的设计可以用四对关键词汇来概括：①集约、高效，这是对经济性和提升行政办公效能的要求。②开放、共享，让党政办公建筑作为公共资源，被全体社会所共同拥有。③庄重、典雅，形象上既体现服务型政府的权威性与亲和力，也能体现区域文化特色和审美。④现代、人文则是时代精神的要求。

中国共产党历史展览馆

文 / 董强、米昂　摄影 / 马冲

一 │ 项目概述

　　中国共产党历史展览馆（简称党史馆）位于北京市朝阳区奥林匹克公园中心区，大屯路与北辰东路交叉口西北角，坐落于文化建筑群之中，北侧有建成的中国科技馆，西侧毗邻同步建设的中国工艺美术馆。

　　本项目为展览类建筑，主要建设内容包括：陈列展览区、教育区与服务设施、交流中心、藏品库区与藏品技术区、业务与研究用房、后勤保障区、安全保卫用房以及地下车库等。总建筑面积约 14.7 万 m²。

　　我院承接了公共空间及红色大厅等重要功能空间的室内设计任务，具体包含首层序厅、电梯厅、各层展厅两侧大楼梯、四层尾厅、各层展厅过厅、六层红色大厅过厅、红色大厅。总面积约为 30881m²。

二 │ 设计策略

1. 精神内核——传统文化与时代精神的统一

　　党史馆空间设计希望汲取中国传统文化精髓，又体现新时代精神及文化自信。这种精神和自信凝练出庄重、力量、挺拔、磅礴的特质，同时也有典雅、质朴的空间品格。

　　序厅是党史馆的重要空间，梳理确定的结构逻辑，暗含了四梁八柱这一中国传统建筑的结构制式，经过多轮过程推敲，最终确定方案。

　　序厅地面的红色铺地采用雅安红石材（红军红），该石材出自中国四川雅安，其鲜红的颜色不仅与序厅中心的长城画相呼应，同时也体现了新时代精神，传达了中国共产党的精神力量，象征中国共产党领导下的中国充满朝气，欣欣向荣。

　　为体现空间力量感，很多界面的转角处理为斜

中国共产党历史展览馆

"四梁"

"八柱"

四梁八柱的建筑构架

序厅方案

切倒角，以此体现刀砍斧剁而成的空间形制。我们将传统繁复的装饰语言进行精简，保留大空间的块面，突显出空间的庄重与磅礴。

2. 设计逻辑——室内设计与建筑设计的统一

建筑空间整体布局中心对称，层次分明，承袭了人民大会堂等经典建筑的文化基因。室内设计通过对原建筑的解读，空间梳理与再塑造，打造大气、质朴、厚重、昌盛的公共空间形象。

公共空间的模数设计与建筑模数严格对应，以保证室内空间与建筑空间衔接上的严整、有序。墙面石材运用大块面的切割手法，从而推敲出主题画作在空间中的尺度关系。

建筑内部空间的流线组织上，由于空间所需要呈现的内容连续性强、内容繁多，人群流线持续性强、流量大，因此采取展厅平面标高逐渐提升、循环向上的空间组织方式。

序厅顶棚结合结构现状采用层层递进的设计，借鉴了中式传统建筑的内檐形式，遵循原有坡屋面结构渐次抬升，并采用金色吸声体材质，以"光芒万丈"的意象，表达共产党领导中国走向光明之意。

3. 空间细部——典雅建筑空间与细部符号语言的统一

党史馆室内空间在承接建筑设计逻辑之后，需要回归自我表达。党史馆室内的表达体现在空间细部符号语言的运用、施工工艺的创新、技术手段的

中国共产党历史展览馆序厅

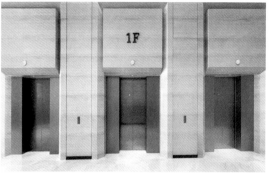

电梯厅

夹层大楼梯

创新等方面。

　　室内空间的细部符号采用了许多中国传统的纹理样式，设计的核心图样取"葵花向阳，永放光芒"之意。红色大厅主灯采用的葵花纹样，内圈 28 片葵花花瓣，寓意建党到中华人民共和国成立 28 年的艰辛历程；两圈共 56 片葵花花瓣，寓意 56 个民族紧密团结在党的周围。外圈的金色光芒寓意着中国共产党100 周年的光辉历程和伟大成就。除此之外，柱头采用了表达吉祥、喜庆、幸福与美好的祥云纹样；藻头内使用了带卷涡纹的花瓣，寓意吉祥如意；空间内部金属工艺栏杆的纹样取自如意纹，造型上以如意头、灵芝为来源，用以借喻"称心""如意"；各厅腰线采用"回纹"设计，寓意连绵不断，吉利永长，等等。

三 ｜ 感悟

　　无论是从尺度层面上，还是设计顺序上，建筑

序厅渐次抬升的天花设计

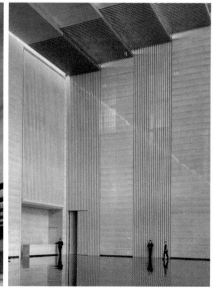

空间总是在室内空间之前。设计要传达的文化内核，始于建筑空间，经过室内空间，传达给人，是一个逐级传递的过程。人固然可以从建筑空间直接获取精神内核的感知，但是室内空间作为中间角色，需要作好沟通建筑与人的桥梁作用。

1. 精神内核的转译

对于政务类展览空间而言，红色文化是其所想要传达的重要文化内容之一。认识、理解红色文化，进而认同红色文化并积极践行，是红色文化传承的基本过程。设计者的重要任务，是将文化的精神内核进行转译，并用室内设计的语言和手法进行表达，帮助空间使用者更好地认识和理解。

2. 建筑逻辑的承接

从设计的时间线上而言，建筑设计先于室内。室内设计是建筑设计的延续、完善和再创造。由此，政务类展览空间的表达，不能不考虑建筑对文化的理解。室内需在承接建筑逻辑的基础上，进行完善与丰富，甚至二次表达。

3. 空间细部的表达

继建筑逻辑的承接之后，室内空间需要与人建立起沟通关系。相较于建筑空间而言，室内空间尺度变小，近人尺度增多，空间的细部设计具有亲人的优势，更利于与人的沟通与精神传达。政务类展览空间的传统文化属性浓厚，因此传统元素的延续也是设计重要内容。

四 | 总结

中国共产党历史展览馆的室内设计传递了红色文化之精神内核，延续了传统的建筑和文化语言，同时用新的室内设计手法诠释了其对新时代背景下的精神理解与解读。如今，中国共产党历史展览馆隆重开幕了，大气简洁的序厅迎接着来自五湖四海的各界人士，庄重典雅的红色大厅见证了国家领导人庄严的入党誓词；完善的公共设施、便捷的参观流线实现了人性化的设计理念；节能绿色的技术引领发展，面向未来。

党史馆红色大厅的葵花纹样

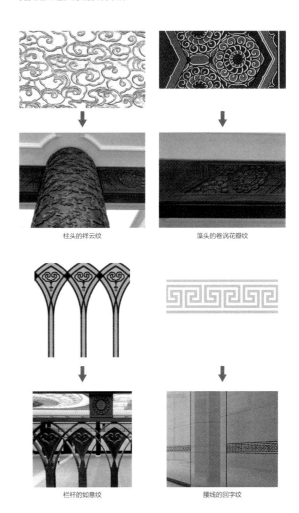

柱头的祥云纹　　　　　藻头的卷涡花瓣纹

栏杆的如意纹　　　　　腰线的回字纹

空间中的中国传统纹样

雄安郊野公园主展馆及酒店

文 / 马萌雪　摄影 / 陈鹤

一 ｜ 项目概述

　　雄安郊野公园主展馆及酒店精装项目，位于雄安新区北部，东邻京雄高速，南接容易线，与高铁白洋淀站毗邻；主展馆建筑位于园区内东南方位，是整个园区最重要的展览场馆之一，并配有酒店接待等设施；室内设计面积约20000m²；于2020年9月启动室内设计工作，2021年6月30日正式完工，7月18日正式开园，整个工程历时9个月。

　　雄安郊野公园主展馆以"大地雄心"为设计理念，总建筑面积约5.3万㎡，从空中俯瞰，犹如一颗绿色的心，选用覆土建筑形式，与大地融为一体，含蓄有力，一气呵成。主展馆建筑外轮廓采用曲线造型，柔和的轮廓与周边自然水丘园林相统一，蕴含着人与自然和谐共生的中国智慧。

　　室内由展馆和酒店两个部分组成。其中展馆地下1层、地上1层，酒店地上3层、地下1层；展馆包含首层和地下一层的两部分展厅。酒店集中了客房、会议、餐饮、健身等商务酒店接待的功能。

二 ｜ 设计策略

1. 绿色生态融入文化内涵

　　主展馆建筑利用覆土消隐的策略，与山体结合在一起，其形态决定了它不需要在形式上表达标志性和纪念性，而是以低调、谦和的姿态融入环境，由此体现场所独特的韵味与气质，营造轻松、开放、令人愉悦的交往与体验空间。

　　作为雄安郊野公园内的核心展区，本次室内专业承接了郊野公园主展馆的室内公共接待区、核心大厅的精装修设计工作。室内设计通过延续建筑消隐的设计语言，把"绿意"潜移默化地引入室内空间，使空间融入自然，完整呈现融入绿色的"大地雄心"

建筑鸟瞰图

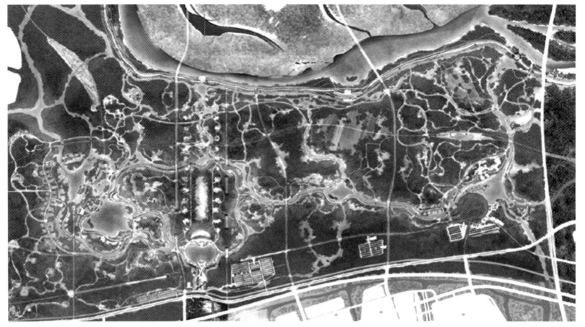

主场馆区位

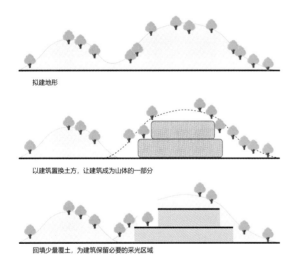

拟建地形

以建筑置换土方，让建筑成为山体的一部分

回填少量覆土，为建筑保留必要的采光区域

覆土建筑分析

设计主题。

　　室内空间总体上遵循空间形态、虚实的渐变逻辑，空间由三层界面划分功能分区，由外向内"先抑后扬""从虚到实"，延续建筑屋顶的形态，层层递进。展馆内包括首层和地下一层两个连续的环形展厅，通过核心大厅贯通连接。

　　因覆土建筑的特点，首层门厅入口处标高较低，室内利用"先抑后扬"的空间特点，可以更好地引流参观。

　　另外，通过造型、材质、肌理等手段对建筑屋面的植被效果与室内空间的造型相结合，使内外空间进一步融合贯通。

　　游客通过门厅进入展区环廊。而中心环廊是连接不同展区的重要主线，此区域有较少的室外光干扰，为未来展陈提供了最大程度布展条件。接近幕墙位置

展示空间分析

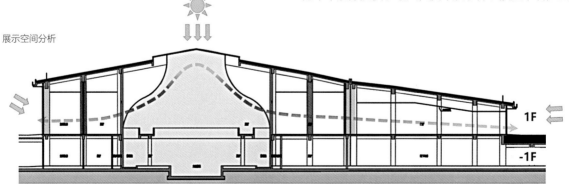

1F

-1F

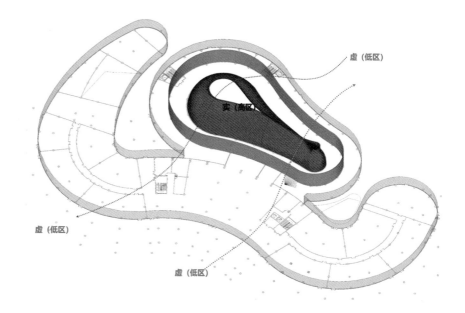

虚（低区）

实（高区）

虚（低区）

虚（低区）

展厅空间分析

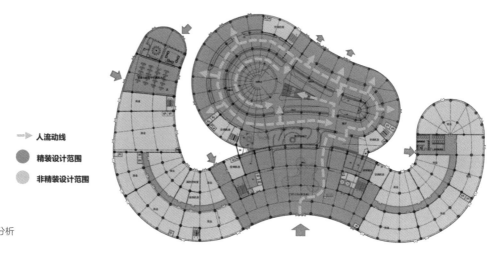

→ 人流动线

● 精装设计范围

● 非精装设计范围

展厅一层动线分析

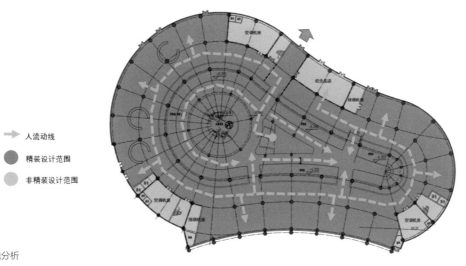

→ 人流动线

● 精装设计范围

● 非精装设计范围

展厅地下一层动线分析

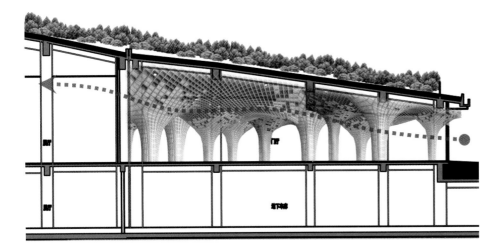

展厅门厅剖面分析

展厅门厅

核心展厅剖面图

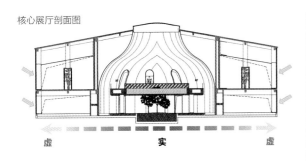

虚　　　　实　　　　虚

展厅环廊

的展区，具备充足的室外光线，适合临时展览或活动展柜（台）的展示；环廊与展厅内外联通，利用室内的造型配以人工照明的手段模拟"绿树成荫"的环境效果。虚实界面的组合使参观者仿佛置身于森林中观展，更好地体现园区主题。

2. 核心布局体现建筑之美

建筑核心区，是延伸至地下一层展区的主要动线。设计一个完整的造型，植入核心两层通高的区域，顶面高耸入云的天光，使置身其中有与自然融为一体的美感。

在中庭植入通行的悬浮廊桥，游客通过时可以与地下一层展厅形成互动，廊桥无需过多装饰，是具备纯粹建筑美感的空间。

3. 打造郊野公园特色的体验式酒店

本着以人为本的设计理念，本次酒店空间以"生态、绿色、舒适"作为设计主题，融入建筑语言，以抽象化、艺术化处理，形成与自己对话的独立空间。打造属于园区特色的体验式酒店空间，是本次设计的核心。

通过对建筑内部空间特点的梳理，建立室内各区域的空间秩序和动线逻辑，形成完整的居住、服务、休闲、餐饮等环境，为入住酒店的客人提供可互动的场所。同时借助舒适的家具配置、细腻的细节把控，希望为旅途中的客人提供一个温暖、高品质的临时居住空间。

酒店包含 127 间客房，包括标准双人客房、大床房、家庭套房、政务套房、无障碍客房等 15 种房

核心展厅造型植入分析

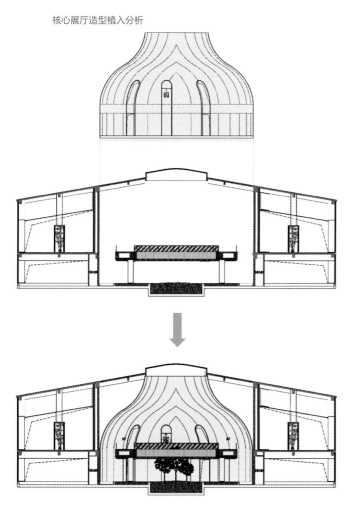

核心展厅

主展馆酒店大堂

全日餐厅一

型，并配有全日餐厅、中餐包间、健身、休闲、会议、贵宾接待等配套功能。

酒店大堂，是酒店空间中最重要的部分之一，承载接待、等候、分流的功能；如何高效地办理入住、直观地分流导引皆是大堂必备的基础设计功课。

结合建筑空间的特点，利用大堂入口先抑后扬的顶面走向，对于原本空间和结构形式进行解构，重新置入多个不同角度的椭圆桶状墙体，打破原有空间横平竖直的梁板边界，围合出不同角度的通道，导引去往客房、餐厅、会议、后花园的各个方向。为了更好地延续整个主场馆建筑的空间氛围，设计选用更加生态自然的材质，通过灰色自然纹理的大理石、天然木纹的顶面材质，交错点缀的装饰照明设计等，围合渲染出更加精致、生态、自然、放松的大堂空间。

全日餐厅是整个酒店代表性的空间。设计师通过打造精致细节，昼夜光景变化，使空间整体呈现强大的表现力。

客房内部大多为扇形，如何合理整合，最大限度地利用更多的空间，化零为整配置全面的客房功

能，是需要室内设计着重考虑的。我们在空间的调节规划上尽可能提供更加全面的房型配置，为运营提供更多可能性。

客房采用色调柔和、柔软耐用的材料，营造出家一般的温馨氛围。房间的家具和装饰均采用原木色调，与绿色生态园区完美融合。

走廊将家的归属感与酒店体验融为一体，通过采光连廊的自然天光，与天然木饰面和柔软的蓝紫色地毯完美搭配。

全日餐厅二

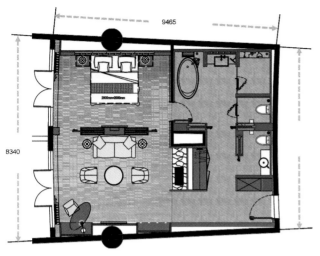

9465

8340

扇形客房内平面布局

客房

三 | 感悟

本项目从设计启动到项目竣工仅有 9 个月，时间紧、任务重、设计量大、施工配合难度大。

设计团队通过本次项目经历了一场特殊的设计、工程洗礼。通过高强度的设计工作、高密度的工程配合，在甲方、设计方、施工方等多个团队努力下，最终在 2021 年 7 月 1 日前圆满完成了工作任务。

雄安郊野公园主场馆也已正式对外开放，作为东部园区最大体量的综合性服务建筑，室内设计贯彻可持续发展的理念，在成本控制、效果把控、材料选择、空间规划等方向，都作了比较充分的考虑。

通过这次的项目设计实践，也存在些许遗憾，复盘设计过程，如何在项目前期清晰定位；在需求方无明确需求的阶段，作好项目的整体统筹分析，去引导使用方明确需求；施工过程中的把控力度和协调方式，是否应该更加多元，坚守原则。这些也许是我们设计团队在今后的项目中，可以深挖、思考、实践的重点方向。

客房区走廊

传承本土文化

以本土理念为指导，
做尊重地域环境、尊重自然文脉、
尊重土地的传承者。

荣成少年宫

文/顾大海、郭林　摄影/李季、康凯

一　前言

每个人心目中都有一个属于自己的少年宫，钢琴室中弹奏出悠扬的曲调；舞蹈室和体操室中翩跹起舞；美术室中画出对未来的憧憬；户外的游戏场、绿茵场、体育场上肆意地奔跑，大声地欢笑。少年宫，是孩子们欢乐的海洋，2021年的夏天，荣成市的孩子们迎来了一个崭新的、承载他们欢笑与成长的、属于他们自己的少年宫。

荣成少年宫坐落于荣成市滨海新区，东面临海，西边是湖，海湖之间开阔的绿地成为建筑基地，建筑的整体形态是一个从湖边到海边缓缓升起的绿坡。

受山东荣成山海地貌的启发，建筑师将不同形态的圆坑嵌入绿坡底部，形成尺度各异的城市公共空间。微微向内倾斜的曲线墙体由地面缓缓升起，围合形成了圆形的入口广场，墙上嵌入的拱洞，有的是汇集至此的室外通道，有的是落地的观景大窗，有的则成为进入不同功能组团的入口。

长圆形的深坑或密植松林成为景观庭院，或嵌入一池碧水形成室外的戏水乐园。大小形态不同的圆坑嵌入绿坡，形成了可以采光通风的庭院和天井。更小的天窗则自由散落在坡上，宛若一个个晶莹的明珠。

建筑师选择清水混凝土这种成熟的建造技艺对内外空间塑形，使其以一种抽象的几何形态和自由的组合方式由内至外地呈现。建筑随即深深嵌入绿坡，并最终融入风景之中。室内空间与建筑的整体形态浑然一体，是建筑形态在室内的延续，就像是海边悬崖上的洞穴，由清水混凝土浇筑成型的一系列的拱状的、管状的、穹顶状的空间相互咬合、交叉、连通，形态既丰富又统一。

二　功能与分区

少年宫是什么？从字面意思来看，少年宫是孩子们的宫殿，在这座宫殿里孩子们可以自由发挥自己的天性，可以玩，可以学习，甚至可以坐在台阶上发呆，和小伙伴一起在院子里追跑。

对于一个海边的少年宫，我们应该设置什么样的功能空间来满足孩子们的行为需求呢？在建筑设计之初，建筑师就根据需求大致规划出了几大功能空间，包括文化活动中心、少儿图书馆及游泳馆，这三大空间在整体建筑内部又是相互联通，穿插在一起的。我们希望孩子们能在这些空间中自由地活动，从一个馆跑到另一个馆，释放孩子们喜欢探险的天性。

1. 文化活动中心

从北侧的主入口进到内部的小广场，广场最中间的入口就是文化活动中心的主入口。由于整体建筑由北向南逐渐抬升，所以位于最南端的文化艺术中心是建筑中最高的部分，上下两层的空间相互叠加，相互连通。

首层拱壳包裹的两段清水混凝土腔体在这里相互交错形成了一个Y字形，Y字的中间部分就形成了文化活动中心的首层大厅，由清水混凝土一次浇筑成型的大厅墙面与拱形的顶面浑然一体，整个空间具有极简的形态与混凝土特有的温润质感。这里是整个室内空间的中心，通过楼梯、连桥和拱廊与其他各个空间串联起来。

我们希望整个大厅是一个开放的、多功能的空间，所以没有设置固定家具，而是利用大厅中部的送风岛设计了一个白色海螺造型的服务台，为首层

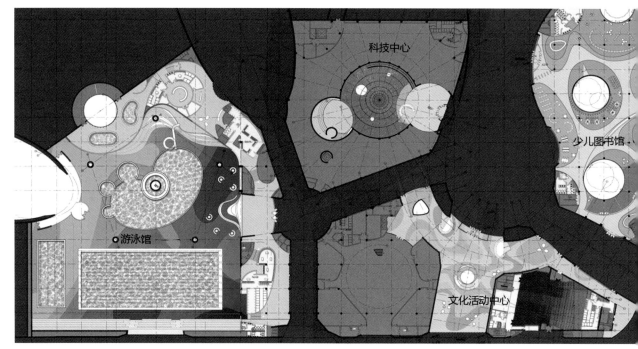

平面分析图

的小剧场提供咨询与导引服务。地面采用不同灰度的水磨石拼色形成滩涂的形状，结合白色的海螺与鹅卵石形状的座椅，仿佛是一幅孩子们最熟悉的海边沙滩的场景。

通过大厅两侧的扶梯可以上到活动中心的二层，二层的主要功能包括一个开放的活动大厅及一个相对封闭的培训教室区。

首层大厅的管廊顶部高出二层地面大约 1m，在二层大厅朝向大海的一侧形成了一个突出楼面的椭圆球体，形似一个浮出海面的潜艇艇身。于是我们就将球体表面铺满柔性材料，在球体上端加上了一个仿真的潜艇围壳舵，把它做成了一个浮在水面的潜艇，吸引孩子们在上面攀爬翻滚，尽情玩耍，也为整个室内空间增加了不少童趣。

2. 少儿图书馆

在入口广场的东侧是少儿图书馆，我们希望把它做成一个完全适合孩子们阅览的空间，在这里，各个年龄段的孩子都可以找到适合自己的阅览方式。

图书馆的内部空间也是一个随屋顶坡度由北向南逐渐抬升的空间，我们在南侧局部设置二层和三层楼板，形成开放式的阅览平台。两个圆形的采光井竖向贯穿整个阅览大厅，为室内带来充足的光线

的同时也将自然的绿化带进了室内空间，让孩子们仿佛置身于大自然之中。

图书馆的平面采用组团式的布局方式，围绕采光井和墙面外窗形成了一个个藏阅区，并且利用地面橡胶地板不同的拼色将这些藏阅区与交通空间区分开来，将一个超大的室内空间分成若干个小尺度的阅览空间，让孩子们可以静下心来阅读。

根据年龄段的不同，每个阅览区的藏书内容与阅览形式也各有不同。对于大一点的孩子，我们设置了可自由组合的阅览桌，可以通过组合形成不同

门厅效果图

图书馆分析图

游泳馆

的学习小组。还有半高的书架以采光窗为圆心放射形布置，既不遮挡光线也方便孩子们使用。对于小一点的孩子，我们利用室内建筑结构的空腔设置了一个小型"树洞"空间，在里面铺上柔软的靠垫，配合一些懒人沙发和微地形家具，形成了孩子们阅读时可坐、可躺的绿岛。

3. 游泳馆

游泳馆采用裸露的吊顶，表面涂刷蓝色肌理涂料，营造海底意向，使儿童戏水时仿若置身于海洋之中。

利用顶部自然采光的圆形洞口透射进的阳光，形成水面色彩斑斓的光影效果。圆形洞口下吊挂发光膜，仿佛是海洋生物悬浮于半空，五根向上逐渐打开的柱子形成一个完美的整体效果，柱子上局部采用了孔洞及通风的界面，将游泳馆空间营造出浪漫的奇幻景象。

三 | **清水混凝土建筑的内部空间设计策略**

---

1. 建筑室内外空间一体化

作为一个地景建筑，建筑师通过一些贯穿性的拱形洞口形成一些面向城市的开放空间，就像是海边崖壁上的洞口。这些洞口也成为联通室内外的过渡空间。

从构造的逻辑上来说，我们希望内部空间和整体建筑是浑然一体的拱券结构，就像是自然形态下在崖壁上形成的山洞。但是从结构方面，如此大体量的建筑用纯粹的拱券结构无法实现，必须有一定的混凝土框架结构做支撑。

因此，在建筑内部形成了两种类型的空间，一种是整体浇筑成型的拱形空间，另一种则是清水混凝土墙体与混凝土框架结构相结合的复合空间。针对这两种空间，室内设计策略也有所不同。如文化活动中心首层入口大厅、游泳馆门厅这些空间，基本都是清水混凝土一次浇筑成型的拱形结构，为了表现出清水混凝土特有的质感，我们不再对墙面及顶面的混凝土进行装饰，而是利用室内照明来突出表现清水混凝土的光滑、温润和素雅。这类空间的室内外材料与结构融为一体，能够充分表现出室内空间的结构美感。而另一种空间，像图书培训中心、游泳馆等，其主体结构是框架结构的，只有墙身部分是清水混凝土，而室内空间中的梁柱结构都是普通混凝土结构。在这些空间，我们一方面要强调清水混凝土墙面从室外到室内的延续性，另一方面也要利用封闭或半封闭的吊顶对暴露的结构梁及设备管线进行装饰。无论是哪一类空间，从室外延伸至室内的清水混凝土材质一直都是空间中的主角。

2. 参数化设计在清水混凝土建筑室内设计中的应用

与传统的框架结构建筑空间不同，本项目无论是在建筑结构还是空间形态上都要复杂得多，各种异形空间相互穿插交错，为设计工作带来了很大的难度。值得庆幸的是，随着计算机辅助设计与参数化设计在室内设计中的应用越来越普及，本项目中也大量使用了计算机辅助设计，减少了设计难度的同时也大大提高了施工图深化的准确度。

例如在设计前期，我们利用建筑专业与结构专业的 BIM 模型，在计算机中利用 SKETCHUP 与 RHINO 等软件建立起各个空间的室内模型。通过这些模型，我们可以研究各空间的穿插关系与空间尺度，尝试不同的造型及装饰材料，甚至可以模拟照明系统对室内环境的影响，大大提高了设计效率。在设计后期的施工图深化及施工配合阶段，完整的室内模型也起到了很大的作用。特别是在大厅这种以清水混凝土为主的空间，我们希望尽量整合墙面与顶面的设备末端，通过与机电专业设计师的讨论与推敲，我们在室内模型上定位出末端设备的三维空间坐标，以此指导施工。

3. 室内空间管线与设备末端的设计策略

在大部分清水混凝土建筑的室内设计中，设备末端的处理方式也很大程度上影响着项目的最终效果。在本项目中，针对两种不同类型的室内空间，设备末端的处理也有所不同。

在传统框架结构中，我们尽量将风口、灯位、喷淋等这些设备放置在顶面，利用吊顶造型来遮蔽管线，而这些吊顶造型往往也可以成为活跃空间气氛的设计亮点。比如游泳馆大厅内成片的圆形张拉膜吊顶，在湖蓝色的结构楼板衬托下仿佛是盛开在水中的浮萍，让整个室内空间充满了活力。

而在纯粹的清水混凝土拱形空间，我们的原则是尽量减少顶面的设备末端。因此，我们配合建筑专业，要求在建筑主体混凝土浇筑之前机电专业就要整合好各自设备末端的位置，尽量将设备集中布置或隐蔽布置。例如在文化活动中心的前厅，为取消顶面送风口，暖通专业选用了地面送风的形式，而白色海螺造型的送风岛也成为大厅空间的视觉焦点。

四 | 结语

就像孩子的天性是探索未知一样，荣成少年宫也是一座可以让人去探索的建筑。从建筑到室内，从一个拱形的大厅穿过连廊来到屋顶花园，孩子们在建筑内外穿梭的过程也是一个探索未知空间的过程。作为室内设计师，整个设计过程也是一个探索的过程，试着从孩子的视角去解读建筑，依照孩子的行为方式去规划功能平面，希望能为他们创造出一份属于他们的童趣。

门厅海螺造型送风岛

大同博物馆

文 / 顾大海、郭林　摄影 / 张广源

博物馆是一个城市的文化载体，承载着城市的记忆；一座城市的博物馆，就是这座城市的前世今生。历朝历代的璀璨文明在博物馆得到了见证，也在博物馆获得了永恒。近年来各地掀起的博物馆建设高潮中，出现了不少造型独特、极具个性的城市博物馆，其中有一些博物馆过于强调独特的造型而忽略了内部空间使用功能，导致室内功能不能满足使用需求而使参观者参观体验欠佳。

如何避免博物馆室内空间的设计与需求脱节，使博物馆的内部空间与参观者可以进行良性互动，让参观者沉浸其中，就成为博物馆设计中一个值得探讨的课题。本文试以大同博物馆室内设计过程为案例进行归纳与梳理，将城市博物馆的设计流程大致分为解读建筑信息、规划室内功能、发掘历史文脉、建立数字模型、专业协同配合五个环节。

一 ｜ 解读建筑信息

2018 年，大同市提出了打造"博物馆之城"的城市文化建设目标。希望依托丰富的自然、历史、文化和民俗等资源，建立一座崭新的、独具历史风貌与文化特色的博物馆，在让博物馆"活"起来的同时，也将博物馆的宣教功能进行拓展和延伸，形成独具特色的城市名片。

新馆的建筑设计由崔愷院士的设计团队完成，建筑的整体形态取自于从空中俯瞰大同附近的地表结构，古老的死火山四周旋转发散开的地脉沟壑形成壮观的景象，宛如一条条巨龙沉睡在大地上。通过对地形结构的抽象与旋转形成本设计中独特的形态与空间布局方式，使得建筑具有从大地生长出来

建筑鸟瞰图

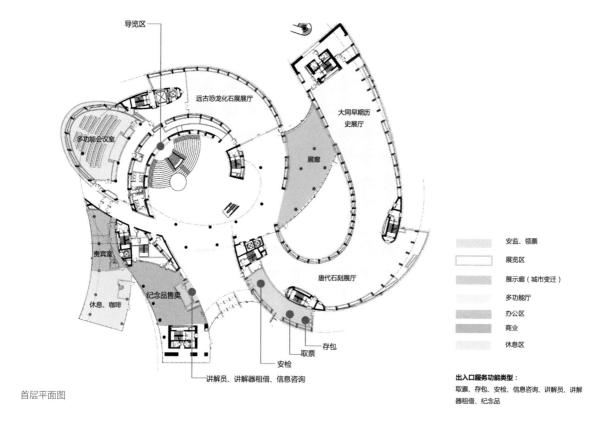

首层平面图

导览区

远古恐龙化石展厅

多功能会议室

大同早期历史展厅

展廊

贵宾室

休息、咖啡

纪念品售卖

唐代石刻展厅

存包

取票

安检

讲解员、讲解器租借、信息咨询

安监、领票

展览区

展示廊（城市变迁）

多功能厅

办公区

商业

休息区

出入口服务功能类型：
取票、存包、安检、信息咨询、讲解员、讲解器租借、纪念品

的力量感与厚重感。

在建筑方案设计基本完成、建筑施工图深化已进行到中后期的阶段，室内设计团队开始介入进行方案设计工作。在这个阶段，建筑内部大的功能分区已基本明确，建筑的内部空间形态也基本稳定，室内设计师需要在第一时间解读建筑师的设计理念，了解与熟悉建筑的内部空间构造与交通组织。

室内空间是建筑外部形态在内部的延续，建筑外部两个弧形体量在内部形成了管廊状的内空间，以此作为主要的展陈空间；而中部由两个管廊围合出的圆形通高空间则成为博物馆的共享大厅。

管廊状的内空间分为三层，并且每层在内部连通，形成了连续的展陈空间。扭曲的平面形态结合二、三层穿插的弧形连桥，让整个室内空间显得飘逸、灵动，有一种升腾的气势。

二 | 规划室内功能

不同于建筑平面主要考虑大的功能分区和空间

形态，博物馆室内的平面功能细化与梳理更多从使用者的行为方式出发，根据不同使用者的需求来规划室内空间的功能分区与流线组织。

博物馆主要有三类使用者：首先是参观者，这也是人数最多的一类人；其次是博物馆的管理者，也就是工作人员；最后就是来博物馆参加学术交流的来宾。

使用者不同，使用需求也就不同。对于参观者来说，最重要的是参观流线的清晰与流畅，从进入博物馆之前的安检存包，到参观前的咨询服务，再到参观过程中的流线与顺序，乃至离馆前的纪念品采购，参观流线应该是一个连贯而有序的过程。在导识系统的帮助下，即使是第一次来的参观者也可以顺利地到达目的地。参观流线又分为公区流线与展陈流线，公区流线指的是观众在公共区域活动的流线，包括之前提到的安检、问询以及去往各个展厅的交通组织；展陈流线则是指观众进入展厅后的观展流线，一般是根据每个展厅的展陈大纲独立规划。

而对于博物馆的工作人员来说，平面功能与流线设置应以隐蔽与高效为原则。首先，办公流线应与参观流线完全分开，仅在个别隐蔽的地方设置常门备用，以免工作人员活动对参观者形成干扰。其次，办公区应与藏品库、技术用房、后勤用房等相邻布置，以提高管理效率。

再次，对于来参加学术交流的来宾，会用到如贵宾接待室、临时展厅以及学术报告厅这类半公共空间，出于便于管理的目的也应尽量靠近办公区，与博物馆的公共区域尽量分开。

大同博物馆由于整体规模不大，因此公共区域的面积也十分有限，在做室内平面规划时我们首先将重点放在出入口的流线组织上。由于主入口到共享大厅的距离较短，无法设置安检存包功能，并且同样受制于面积，原本应该设置在参观流线末端的纪念品售卖功能，只能放在共享大厅前厅的西侧，与入口问询台相邻。

基于以上条件，我们将安检入口调整到主入口东侧边厅的外墙上，观众通过外墙上高大的石材暗门进入边厅安检，经过安检后再进入共享大厅前厅，而原来的主入口则作为礼仪性的入口，只在有礼仪活动的时候才使用。这样一来，安检流程通畅的同时，前厅的功能也得到简化，取消安检区的前厅，有足够大的空间容纳大量观众停留，并且可以使观众在进入和离开博物馆的时候都经过纪念品商店，也无形中增加了博物馆文创产品的推广机会。

三 ｜ 发掘历史文脉

博物馆作为文化建筑，其室内空间也应有深刻的文化内涵，尤其是城市博物馆，更应该发掘城市所在地区的历史文化信息，反映当地的文化特征，进而确定室内空间的设计理念。

大同位于农耕文化与游牧文化的交界处，是中国"胡汉文化交融"的典型文化区域，积淀深厚，这在出土的大量文物甚至现存的大量古迹中都有诸多反映。历史上，大同曾是北魏的都城，辽、金的"陪都"，明清重镇。独特的地理位置，又让这里成为古代丝绸之路的重要节点，草原文明与中原文明的"熔炉"。除此之外，大同还是石窟文化的代表，著名的云冈石窟是公元 5~6 世纪中国佛教石窟艺术巅峰时期的经典杰作。建筑设计中也将洞窟空间的形成方式引入建筑内部空间的设计，形成独特的展厅与公共空间。

室内设计的概念也是从大同深厚的历史文化底蕴切入，将室内流动的空间作为一幅承载大同历史文化瑰宝的画卷，观众进入博物馆就像展开了一幅珍贵的古画。

与设计概念相呼应，博物馆一层的通高共享大厅墙面造型就是一卷打开的画轴，其内容是一幅高约15.5m、宽约 50m 的《北魏贵胄出行图》大型壁画，是以大同沙岭村北魏壁画墓《出行图》为素材创作的北魏贵胄出行场面。大厅的中央结合展陈设计，设置大型展品，形成恢弘大气的石窟文化的现代演绎。

四 ｜ 建立数字模型

在确定了平面功能布局与流线组织，明确了室内整体设计概念及设计元素之后，就进入具体方案设计阶段。这个阶段设计师要从平立面关系、空间尺度、装饰造型、材质及灯光等各方面综合考虑及构思，这是一个相当复杂的过程。

以往在这个过程中，设计师会通过各种设计草

数字三维模型

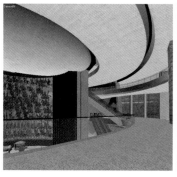 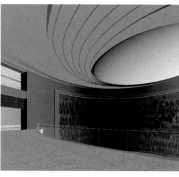 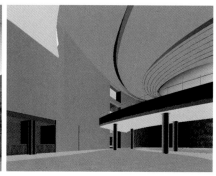

效果图与实景对比

图来对室内空间进行推敲和构思，但是凭经验勾勒出的空间尺度与实际往往有很大的偏差。近年来，随着计算机技术的发展，数字化辅助设计已经越来越多地被设计师采用。在初设阶段，我们可以利用三维设计软件在计算机中模拟出室内空间的精确模型，在这个基础上进行设计会极大地提高工作效率；在深化设计阶段，我们也可以通过软件制作的彩色立面来推敲装饰材料的搭配及造型尺度，最后再制作出各个空间的效果图；甚至在后期的施工图制作过程，三维数字模型也是推敲材料转折交接及造型工法必不可少的工具。可以说，数字化辅助设计已经贯彻到了室内设计的各个阶段。

在本项目中，从建筑外形到室内空间，几乎每个线条都是弧形，这就给设计师把握空间尺度方面增加了很大的难度。于是，在设计之初，我们就根据建筑施工图构建了完整的室内空间模型，并通过模型来推敲室内空间的尺度与形态。特别是在共享空间三层的部位，由于此部位墙面是由建筑外墙延伸至室内的三维曲面，在与室内吊顶造型相交碰撞后所形成的空间形态十分随机，而通过对数字模型的反复比对就可以准确地把握复杂的空间形态，并在此基础上制作出准确的室内空间表现图。

五 | 专业协同配合

室内设计是一个需要多专业协同配合的工作，一个成熟的设计方案从图纸到落地，要涉及暖通、强弱电、水专业、智能化专业、照明设计、家具设计、配饰设计等多个专项设计。室内设计作为牵头专业，要根据设计方案与各专业沟通协调，并将各专业的设计成果与室内空间最终效果相结合。

例如照明设计专业，无论是公共空间还是展陈空间，照明设计都是博物馆设计中重要的专项设计之一。大同博物馆室内设计的特点之一就是在公共空间中放置了大量的文物复制艺术品，我们希望观众不止在展厅内部，而是在博物馆内参观的整个过程中都随时可以欣赏到展品。这就要求照明设计专业提前介入室内设计的过程中，配合室内设计师规划公共区域的陈设点位，并根据点位针对艺术品进行重点照明设计，通过这种方式强调、突出艺术品的造型，烘托展示氛围来吸引观众的注意力。值得注意的是，展品或艺术品所用到的灯具因为要考虑其对艺术品本身的保护和对艺术品色彩的高还原度，因此需要照明设计专业与室内及展陈专业进行紧密的配合。

六 | 结语

伴随经济的迅速发展，像大同博物馆这样"小而精"的城市博物馆会越来越多。新媒体时代的到来，也给城市博物馆的发展带来了新的契机，如何抓住机会使博物馆的宣教功能得到最大限度的发挥，是需要我们在将来的博物馆设计工作中继续思考和探究的课题。

长春博物馆

文 / 曹阳　摄影 / 陈鹤

鸟瞰图

长春博物馆是长春市市民文化三馆综合体（简称长春三馆）中的一部分，整体建筑设计由中国工程院院士崔愷先生主持，建筑集长春规划展览馆、长春博物馆、长春美术馆及信息服务中心四个部分组成。设计理念结合长春地域文化特征，打造"流绿都市"的整体概念，长春三馆宛如绽放的花朵镶嵌在大地上。随着整体建筑的落成，长春三馆已经成为当之无愧的地标性建筑。长春博物馆室内空间装修工程为综合体中最后一个竣工的项目，包含室内公共服务空间及展厅空间。

一 ｜ 建筑逻辑下的空间塑造

文化类建筑是我院传统的优势项目，遵循"一体化"的设计方法，建筑、室内、景观在建筑设计之初已进行统一考虑。故在室内空间的处理上往往可以借助建筑界面与逻辑关系进行深化设计，塑造良好的视觉效果。

建筑外立面为金色铝板搭配侧向的条形玻璃幕墙系统构成，宛如绽开花瓣上的叶脉肌理。光线可以从不同时间不同角度投射进入室内空间产生独特的光影效果。从建筑中心螺旋形发散的空间结构给予室内空间明确的界面关系。

我们认为长春博物馆室内空间应该借助建筑的语言逻辑进行深入的设计而不是去打破它。这种深入包含梳理界面上的材质关系、丰富界面视觉观感及空间使用功能、处理近人尺度下的细部等。

首层礼仪大厅

礼仪大厅各角度

二 | **公众服务空间的开放性**

　　博物馆内的公共服务空间由于使用人群的不同与未来需求变化的可能性，室内设计对这类开放性空间的处理尤为重要。其包含各个入口处的集散大厅、各独立展厅周边的服务前厅等。开放性不仅仅是空间形式上的开放，更应该考虑使用功能上的开放，甚至文化特征上的开放。

　　长春博物馆内部通过空间的再设计，构建出更多样的公共使用空间分布在各层，可作休闲水吧、

彩色玻璃幕墙与入口前厅

材质与肌理

铜质对比，这些材质与明暗关系的强烈碰撞体现了东北文化的粗犷与浓烈。

装饰界面细节处理运用了抛光面与原石粗糙表面的对比；木格栅与木质板块的线面对比；压花图案的仿铜金属板增加了空间细节。这些细节让原本沉重的石、木、铜产生了新的生命力，传递出更多的文化属性。

纪念品商店、图书阅览、临展空间、文博服务、小型交流等功能使用。照明系统也考虑到未来需求，采用智能化控制及可调节的照明灯具服务于不同功能下的使用要求。

文化特征的开放性是指对于这类空间应以更加简练的手法进行装饰界面的塑造，去除繁复的装饰元素，让整体空间形式纯粹起来，去承载更多的文化信息，发挥其"城市客厅"的作用。

建筑幕墙室内延伸

三 | 地域特征的空间演绎

对于地域特征的表达，非常赞同崔愷院士提出的"本土设计"理念，它区别于地域主义，也不是简单利用几个当地文化符号或装饰纹样，而是更贴近当地人文精神与环境特征的设计手法。长春地处东北三省的中心，文化底蕴深厚，礼仪大厅入口处红黄绿三色的彩色玻璃，刨切断面中露出的木质与

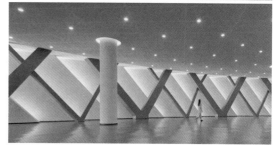

公共走廊空间

展厅入口

四 | 非装饰因素的合理利用

  除了实体性的装饰手段，空间中的光影与视觉变化因素也是这类大型公共空间中可以利用的设计元素。条形的建筑幕墙与菱形的建筑钢结构贯穿几乎所有的室内公共空间，其本身特有的形式语言为空间提供了良好的视觉界面。

  室内界面也利用了这种特有的建筑语言。折片型的石材，带有斜度的木格栅，配合文博服务功能的大小开洞，增加了界面的层次与对比，增加了空间的趣味体验，可以让参观者感受到空间的变化。

报告厅

展厅空间

贵宾接待厅造型灯具

湖南永顺老司城遗址博物馆及游客中心

文 / 魏黎、江鹏　摄影 / 孙海霆

一 ｜ 开端

　　"择地为城，山环水绕"。第39届世界遗产大会上，由湖南永顺老司城遗址、湖北唐崖土司城遗址和贵州海龙屯遗址联合代表的中国土司遗产，成功入选世界文化遗产名录。它们是目前中国较大、保存较完整、历史较悠久的古代土司城遗址。为配合2015年中国三省土司遗址申报世界文化遗产工作，在湖南湘西土家族苗族自治州，永顺县老司城遗址保护区的外围，建设遗址博物馆及游客中心。

二 ｜ 指引

　　建筑设计在崔愷院士的指导下进行，主体设计没有采用传统的湘西木构建筑飞檐翘角的形式，而是从现存的遗址墙基和路面砌筑方式汲取灵感，外墙采用当地河道盛产的鹅卵石与钢筋混凝土墙组合砌筑，主体的主要用材均取自当地的石头、竹、木，建筑色彩朴素，与大地和周边环境融为一体，仿佛从大地中生长出来，与环境完美结合。老司城的文脉及传统也得到了很好的延续。

　　建设用地位于谷底的博射坪旁，地势相对平坦，周边群山环抱，环境优美。建筑设计使用层层台地堆叠的方式处理山地建筑，整体的外观形象与山形地势融为一体，敦厚稳定，与老司城遗址有着明显的空间形态的相似性，为维护遗址区的历史风貌定下了基调。

三 ｜ 策略

　　室内设计结合建筑设计理念，做到室内外一体化，整体风貌和外观材料与遗址区的环境风貌相协调。

　　建筑、室内、景观一体化设计是我院类似项目操作的优势，各专业同时进行设计的方式很好地将建筑与环境融为一体。室内设计强调在地化，从老司城遗址中提取出最能体现本土精神的建造方式和本体的材料进行设计和建造，很好地呼应了建筑的设计语言与材料体系，真正体现建筑的本土化和地域特色，物我相忘，成为遗址风貌区的环境构成要素。

　　整个室内设计项目完全就地取材，使材料更易获得且造价低廉。熟悉的材料更易于当地施工队的操作，且与环境的质感相协调。内装主要以河卵石垒石墙为主，重点区域使用竹构作为提示性的装饰元素。河卵石，竹板，竹筒，原木，搭配少量的黑色钢结构，与周边环境融为一体，安全性，经济性俱佳。

　　竹作为当地盛产的建筑用材，其形状、色彩都具有独特的装饰作用，竹材不同的切削及捆扎方式，可以形成多种结构和肌理，本项目使用竹筒制作灯具、展架；使用碳化竹木作为护墙板；并将毛竹进行切削捆扎制作固定家具；将竹筒进行固定并涂色形成具有布依族特色的主背景墙。售卖区展示台由钢管、钢板结合毛竹进行特殊节点设计。用毛竹作为承重结构的家具为空间增添色彩及野趣。竹材结合当地劳动人民特有的使用方式及适当的切削，产生了丰富的细节。

　　现代化的机电设备在空间中基本被消隐，使整

建筑与山形地势融为一体

游客中心立面

候车休息区
售票区
大餐厅

室外候车区
销售区
办公区

游客中心分区

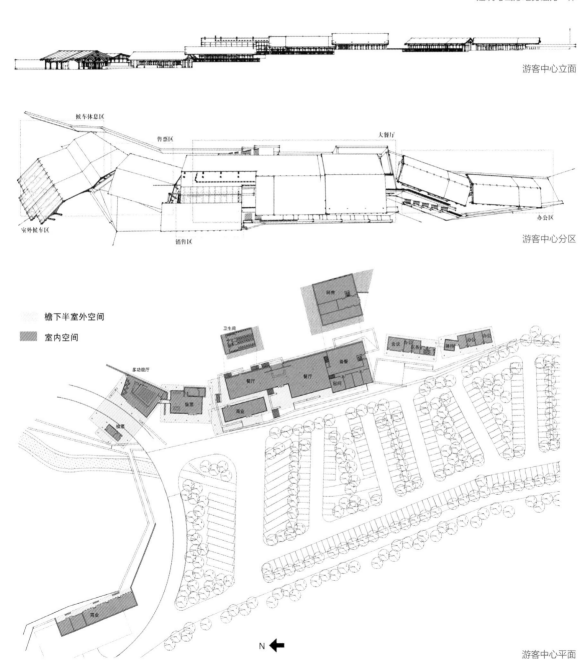

檐下半室外空间
室内空间

多功能厅

卫生间

厨房

餐厅
餐厅
包间

商业

N

游客中心平面

游客中心入口 设计选材、现代融入

鸟瞰

体建筑与环境浑然一体。有别于一般公共建筑的照明设计，本案的照明设计本着朴实，雅致，"点到为止"的初衷，完全融于竹构，融于自然环境中。

四 | 结语

"建筑必须面对未来，但同时又必须植根于今天的土地"。因循着崔愷院士一贯主张的本土设计思想，本项目强调文化要素与当代建筑的有机结合，也强调建筑内外与自然环境的和谐，以最小的干预度来保护与创造历史遗址和配套设施的完整性及科学性。老司城遗址博物馆及游客中心无论是建筑设计、景观设计及室内设计都充分体现了设计对于自然和传统的尊重，没有炫技，没有华丽的外观，没有对传统建筑形式简单的模仿，而是深入解读地方特色及传统，提取最能体现本土精神的建造方式，同时也超越传统，体现时代特色，将现代功能恰如其分地嵌入。山谷中的博物馆及游客中心以朴素、低调的形象出现，以谦逊的姿态与自然对话，似一朵空谷幽兰，在山谷中沉静绽放。

第三节

关注民生建设

以百姓生活为责任，
作提高使用品质、减少奢华浪费、
提升建造效率的奋斗者。

北京城市副中心北海幼儿园

文 / 张洋洋 摄影 / 陈鹤

一 | 设计策略

1. 学龄前儿童心理分析

幼儿从出生就已经具备一定的心理行为活动，学前儿童的具象思维更是发展迅速，抽象思维也已经开始萌芽。

在幼儿感知方面，幼儿往往把周围的事物，简化成为符号，以此为基础来认识感受外部环境。

在幼儿行为方面，幼儿精力充沛、好动、不知疲倦，慢慢开始模仿他人行为，他们的主要活动是通过游戏产生的。

2. 北海幼儿园的传承

绿树茵茵，红墙环绕的北海幼儿园成立于1949年，坐落在清代皇家园林北海公园的先蚕坛。浓郁的中华民族特色的园林化建筑，使北海幼儿园具有得天独厚的自然环境。

本设计以"水"为设计元素，表现"让我们荡起双桨，小船儿推开波浪。海面倒映着美丽的白塔，四周环绕着绿树红墙"的场景。我们试图以设计的手法来还原歌声中的美丽场景。在风光宜人的北海公园里有清澈的湖水、美丽的白塔和绿树红墙，色彩鲜艳和谐，令人陶醉。在微微荡漾的湖水中我们隐约可见灿烂阳光下白塔与红墙绿树的倒影。"小船儿轻轻漂荡在水中，迎面吹来了凉爽的风。"由造型联想到画面、颜色、声音，甚至是微风。这是对北海幼儿园文化的传承，也是对儿童最初的美育。

3. 副中心新首都功能下的幼儿园与社区

北京城市副中心建设是千年大计，是当前及未来一段时期各方面集中力量打造的国际一流、和谐宜居之都示范区、新型城镇化示范区、京津冀区域协同发展示范区。住房与随之而来的幼儿园问题是核心问题之一。科学研判幼儿园市场发展趋势，将有利于北京城市副中心幼儿园的持续健康发展。随着一批优质教育资源落户通州，行政办公区附近已规划并投入建设了十多所学校和幼儿园，不仅可为城市副中心工作人员与居民提供教育资源，还将为通州周边居民子女提供便利。

建筑外观

4. 创造童趣空间

为了不固化大自然的具象形态，设计师抽象化地提取对北海记忆里的鲜明特征，用抛砖引玉的方式去引导启发儿童，展开他们对于自然世界的想象，呵护儿童与生俱来的想象和创造天赋。

（1）开放性

近年来，开放空间越来越多，不仅开放扩大了走廊、门厅，阅读空间也开始纳入其中，甚至餐厅、活动室也加入到开放行列。

开放的好处：

① 空间通透，显得面积更大。
② 增进幼儿间的关系，各班级的互动区域增多。
③ 幼儿自主选择性增强，更符合国际教育趋势。

当然也有不好的一面：

① 开放餐厅气味问题，目前依然无法彻底解决。
② 隔声问题，各空间私密性降低，相互干扰。

本设计中，门厅中间部位是上下三层贯通的中庭，空间开放，视线通透。加宽的走廊，共享风雨操场，阅读空间，投影互动区都属于自由的开放区域。

"水"元素贯穿于整个门厅、走廊、公共活动空间，如同水波涟漪般在空间中层层推进。在门厅顶面形成一圈圈圆形软膜吊顶，宛如细雨中湖面上大大小小的涟漪，形态各异而鲜活灵动。

（2）体验性

互动投影具有参与体验性，它是一种技术与形式都很新颖的多媒体展示平台，天生具备"吸引人流"的特点，能有效帮助幼儿缓解入园"分离焦虑"的问题。

门厅设计了多处互动主题投影，将沙滩、宇宙的场景以及每个孩子在幼儿园的视频情况制作成互动短片投影到墙面与地面，孩子们经过时通过红外感应就可以与投影产生沉浸式互动体验。通过在互动投影中融入一些趣味知识、项目，从而让孩子在互动的过程中，学习到更多知识。

三维立体动画呈现学生动手内容，旨在提高动手能力和审美品位，将创造性的艺术制作过程作为学生心理成长的推动力，促进身心健康成长。以游戏的方式进行绘画学习，寓教于乐，帮助孩子学习更多知识。

不同颜色的灯光变化也具有丰富的体验性，可传达艺术感并引导心理动态。

走廊共享空间

门厅空间

（3）交互性

"水"元素在教室和走廊之间的隔墙上跳跃涌动，形成孩子可视高度的圆形玻璃窗，此设计不仅有效补充了教室内的自然采光，也让空间更加自然通透，增强了趣味性与互动性。对幼儿来说，能彻底地把成人排斥在外的矮小空间才是真正有亲切感的。设计考虑到幼儿心理的特点和要求，令形体和空间尽量让他们能接受。窗内外的小朋友由此产生了亲切的隔空互动，扮鬼脸、打招呼、藏猫猫，由固化在教室里听讲的行为模式变为好奇地穿梭于空间内外的有趣探索。

每个幼儿心里都有一颗美的种子……关键在于充分创造条件和机会，在大自然和社会文化生活中激发幼儿对美的感受和体验，丰富其想象力和创造力，引导幼儿学会用心灵去感受和发现美，用自己的方式去表现和创造美，支持孩子对美的探索。

（4）趣味性

这里的趣味性指的是幼儿对事物产生的愉快、兴趣和被吸引的感觉，是客观事物带给幼儿的感受。

空间趣味性指某个空间运用不同的设计手法、处理方式等来刺激幼儿的感官引起幼儿兴奋的特性。

活动教室按照小班、中班、大班幼儿不同的心理需求，设计了六种吊顶。比如小班的吊顶设计了一条蜿蜒曲折的银河，星星点点的筒灯与圆形的小发光膜灯仿佛在晴天夜晚可见的星星，布局灵活自由，充满童趣。照明均定制了防眩光照明型筒灯，在提供充足人工照明的同时很好地保护了眼睛。

除了活动教室空间外，本项目考虑设置多个特色教室空间，如绘画图书室、木工坊、自然体验室、科学探究室等。这些区域的设置为幼儿各种活动需求创造了条件，另一方面也为幼儿的交往创造了积极的环境。其中，科学探究室的吊顶注重形体的趣味性，采用了多个六边形悬浮块进行不规则排列，配合六边形灯具形成了科技感和趣味性俱佳的生动空间。裸露的管线经过细心的包覆和粉刷，简洁现代而不失童真、童趣。

幼儿对外界的认知，通常是以符号的形式建立。

根据幼儿对形状的认知能力，本项目将有趣的自然形态抽象成集合图形，比如三层走廊当中就使用了一棵树的造型包裹了柱子，也消解柔化了柱子与吊顶的关系。树配有小窗和门洞，让幼儿自然而然地对其产生好奇，想要靠近并一探究竟。这些充满童趣的形态，灵活多变的样式，不仅能引起幼儿的注意，还能激发其抽象思维能力。

二 | 感悟

1. 注意控制色调

通过对幼儿心理行为的分析，我们逐步认识幼儿心理发展变化以及对空间环境的需求。在幼儿园室内设计中，设计师应站在幼儿的角度解读每个空间所需的功能；依照幼儿视觉知觉的感知特征，可以从色彩方面来营造吸引幼儿的环境，使幼儿乐在

走廊空间

活动教室空间

垭口圆弧形阳角、暖气管圆弧形阳角

盥洗室空间、卫生间空间

其中。

本项目的室内色调选用了浅浅的马卡龙色系，饱和度比较低，浅橙、浅黄、浅绿，纯真又充满变换。

2. 细化照明设计

活动室、音体活动室、医务保健室、隔离室及办公用房采用日光色光源的灯具照明，其余场所采用白炽灯照明。当用荧光灯照明时，尽量减少频闪效应的影响。医务保健室和幼儿生活区设置紫外线灯具，便于消毒使用。

3. 注重安全防护

幼儿喜欢到处跑动，而且速度较快不易控制。为了避免孩子碰撞受伤，安全性设计尤为重要。我们对所有的墙体都进行了石膏板圆角包覆处理，窗台、暖气罩、窗口竖边等棱角部位也都做成圆角，均光滑无棱角。

4. 人性化尺度

盥洗池的高度充分照顾到了不同身高孩子的使用要求，非常人性化地设置为高低两个台面，镜面也略微向下倾斜，方便了儿童的使用。每个厕位的平面尺寸为 0.80m×0.70m，设有 1.20m 高的架空隔板，坐式便器距地高度为 0.30m。

三 | 结语

幼儿眼中的世界是五光十色、灵动活泼的。现代幼儿园设计更加重视幼儿的自身发展和心理需求，站在孩子的角度，感同身受地为他们设计出灵活多变的空间形式，促使儿童自发参与游戏活动，营造出可以"步移景换"的趣味空间。所以幼儿园设计应关注幼儿心理的发展，引导幼儿想象。

同时，幼儿园设计中的留白也是很重要的，很多地方并不需要一次做满，例如教室墙面我们涂刷了一些波浪形和拱形，走廊墙面安装了椭圆形聚酯纤维板，教师利用这些空白的地方制作了手工展示墙面，形成了更为丰富的波浪曲线。

北京大学附属中学北校区综合教学楼

文 / 李毅　摄影 / 陈鹤、李季

一 ｜ 项目概况

北京大学附属中学（简称北大附中）北校区位于北京颐和园路以西，中直东路以北，海淀北大资源中学校内，校区用地东西两侧为畅春园，南邻万泉文化公园，所处地理位置便利，环境优美。

该校区目前有 30 个教学班，为三年制初中学制，学生人数 1200 人，教师编制约 120 人。

二 ｜ 设计策略

校园建筑一直以来是我们团队最为主要的项目类型，从项目设计手法上来看，我们历经了实用型

建筑主入口外立面

简装修时期，展示型精装修时期，建筑一体化装修时期。随着国家教育政策的调整、时代科技的进步、教育观念的革新，我们在进行校园类型建筑室内空间的设计时，也在不断地突破与创新。北大附中北校区也可以算是我们近些年来校园建筑室内空间的一个转折点。

项目是在原北达资源学校拆除后的新建建筑，在原本紧张的场地上，经过功能整合，集教育教学、文体活动、生活服务、行政办公于一体的教学综合体模式。

随教育改革而变化的教育空间

何为教育空间，是幼儿园、小学、初中、高中、大学的学校空间么？我认为可能范围要更广一些，能够激发出思想的地方都是教育空间，当这样思考时，教育空间就变为一个很广阔的想象，它不拘泥于地点、甚至超越时空。所以当谈到教育空间设计会随着教育改革发生怎样变化时，我觉得这个问题是在思考，我们要培养出什么样的人，我们是否还要用原来的方式塑造下一代。

北大附中北校区设计周期从 2016 年初始设计到 2019 年正式开学，期间就经历了重大转型。2016 年建筑已经出完施工图，室内设计方案汇报时，为了配合新教育需求，对空间进行了大规模的修改，整个修改过程其实就是教育空间的改革过程。

作为书院制教学模式的另一个重要教育空间的改变，就是打破原来传统的单廊式教学班模式，将三四个教学班结合，形成学生活动区、自习区、读书区，模糊教室与走廊之前的边界，消除只能在教室才可以进行学习的固定思维，创造一种组团式的共享社区概念。学生可以尽情地在共享社区进行自主交流，引发讨论，提高自学意识，增加各类学习

机会。室内顶棚的设计将原建筑结构与机电管线系统融入传统灰砖砌筑的建筑形体当中，与传统北大附中建筑保持一致的基础上，不失创新。

本项目校园建筑从以往多数水平方向转化到垂直方向布局，教学空间内部灵活多变。相比较大型的新建校园，因用地集约而形成的教学综合体建筑，不仅是简单意义上的多种功能组合，还代表着教学模式向素质型、兴趣型、开放型的模式转变，与其说它是一栋教学楼不如说更像是一个大型的教学社区集合体，在这里集合教学、活动、交流、休憩、娱乐、展示等为一体，所以本项目教育空间室内设计的工作承接着学校自身的文化属性、整体建筑的空间属性、办学理念的功能属性。

量身定制的课程体系

北大附中根据自身的教学理念，不同于其他传统公办中学办学模式，充分尊重学生的发展意愿，提倡单元制（后升格为书院制）与导师制的教学模式，以更加开放性、自主性的课程设置改变着每一个在这里学习生活的人。原有行政班由全新的跨年级学生社区实体——六个单元所取代。其中，一至四单元为常规单元；五单元为竞赛方向单元；六单元为自主出国方向单元。六个单元分别被赋予橙、黄、绿、青、蓝、紫六种象征色。学校设立单元自治会，由学生自主管理公共事务，如装修及管理活动室、策划及组织单元活动等。2013 年单元制升格为书院制，七个书院分别命名为"格物""致知""诚意""正心""元培""博雅""道尔顿"。与此同时，确立书院议事会与公民教育课程，书院由学生自治会管理，由辅导老师对其工作进行指导。结合上述书院制教学模式，教学空间内设置了黑匣子剧场、声乐排练厅、舞蹈排练厅与屋顶小剧场、创客工作室、绘画与陶艺教室、室内体育馆等满足书院自主教学模式的空间。这些室内空间极大增加了学生之间的互动性，打破了年级之间的交流壁垒，提升了学生的自主学习兴趣，与国家教学体质改革的政策导向不谋而合。

校园文化的挖掘——北大的灰砖

北京大学附属中学成立于 1960 年，以勤奋、严谨、求实、创新为校训，在办校过程中，传承了北京大学这所百年名校的优秀文化基因，保留了北京大学传统灰砖立面，结合当代校园建筑的形式风格，形成了北大附中特有的校园建筑特征。

学生公共活动区

北大附中北校区的建筑立面同样延续了这种传承性的建筑特色，并在室内公共空间当中进行了更加趣味性与创新性的运用。入口的采光中庭利用灰砖作为固定家具的表皮，进行设计再造，赋予了室内空间室外景观小品般的布局感受，形成了师生重要的休憩交流的空间。二层通高的几何造型影壁，将灰砖创造性地运用在圆形切面的内壁当中，进行隐喻性的修饰，在层叠式的公共交流空间中形成视觉交流。二层多功能厅、前厅立面将不同色度的灰砖与现代不锈钢材料制造的方砖相结合，古朴与时尚穿插，丰富了室内立面的细节处理，增加了公共交流空间的文化感与趣味性。地下一层的学生食堂借助建筑体量的间隙，将灰砖与毛竹相搭配，为原本压抑的就餐空间带来了一丝自然庭院般的喘息。灰砖元素就像是一种天然的文化基因在现代的教育建筑空间中串联着历史与现代、交流着过往与今朝。

教学楼二层门厅局部

校园内建筑外立面

三 | 感悟

在整个过程中，我们深刻体会到教育改革并非易事，会遇到很多问题和困难。当燃烧自己时，才能感受到那份真切的灼热，而教育就是这样的，教育者们就是蜡烛，燃烧着自己，点亮着别人。在整个设计过程中，校领导给予了设计很大的空间，在不断的沟通当中，他们相信设计能够给予专业的意见，就像他们相信每一个学生都能通过自己内在的不断努力和思考得出答案。北大附中北校区整个设计和施工过程，我很庆幸遇到了很好的甲方、施工单位，整个过程是对我的再次教育，"当你为了学生，全世界都会为你让路。"本着这样的初衷，在后来的很多文教类项目中，都能得到校方的认可并与之建立很好的联系。

教学楼门厅

北京电影学院影剧院

文 / 韩文文　摄影 / 陈鹤、李季

反思设计流程

　　北京电影学院影剧院是基于"一体化"流程基础之上，同时将平面功能、空间感受、建构逻辑三位一体综合考量的设计实践。

北京电影学院影剧院前厅一

"给电影学院做影剧院"，是一个有趣的命题。仿佛给一个老画家画肖像，或者给老厨师做饭一样，唯恐被对方看出破绽。电影学院是培养影视人才的圣地，为它做影剧院设计是个难题。

在观演建筑中，无论是剧目演出还是空间本身，都是以观众的情感调动为核心的。如果说观演空间的核心是舞台，是导演通过戏剧"造梦"的场所，设计师便是通过空间设计在"造梦"。通常我们会先分析观演场所的未来演出性质、投资造价水平及将来的运营模式。比如这个舞台演出的剧目是驻场演出，还是阶段性驻场演出，或者仅提供演出场所，甚至连观众厅、前厅也是舞台的一部分？这是运营层面的决策，也决定了设计的出发点。北京电影学院的影剧院，包括一个 1200 座规模的剧院，和一个 7 个影厅的电影院，主要用于日常教学和临时商业观演，也用作电影与戏剧研究。在这个影剧院内

北京电影学院影剧院前厅二

北京电影学院影剧院观众厅

所发生的表演是带有实验性与教学性的，其舞台指向电影表演的本质，那么我们的设计便指向空间与电影本质的表达，这是与商业观演空间最大的不同。在清晰了解剧院定位后我们展开两部分工作内容：①情境想象；②寻找技术手段实现。

我们试图寻找空间与电影在本质上的交集，将"光影、色彩、叙事感"这三个关键词抽取出来，我们的"梦境"也围绕这三个关键词展开，同时决定了材料选择、空间造型、灯光设计方案，诸如半透的金属网、反射的镜面、浓烈而节制的色彩、产生奇妙光影的灯具等。

有了情景的设定，第二步就是采用什么手段来完成了。在这个项目中，在衡量了造价、使用者、施工周期等条件之后，我们选择采用"轻介入"的方式进行。采用这种方式，一方面基于集约设计的判断；另一方面，还是希望以一种退后的姿态，给空间更多功能的使用预留可能性。

选择了"轻介入"的方式，首先就要分析哪里是必须要做的部分，以准确有力的方式切入，并将其余部分以背景的方式处理得当。观演建筑有独特的空间序列：从前厅进入观众厅，有一个逐渐沉浸的顺序。在前厅空间中，我们选择并重新定义了这样几个空间道具：门——场景的转换器，将门的纯功能属性通过与镜面、色彩的结合形成空间语言，并让人在通过其间时与空间形成对话。栏板、吊顶——光影发生装置，在设计中采用了金属网材质，有光照射时能够产生有趣的光影。照明——渲染器，光影叙事最重要的部分便是光，但我们要看的是光的痕迹，"影"和"故事"。所以最终呈现的效果，

是光影叙事主题的空间暗示。空间的兴奋点，交接在前厅与观众厅所有的"入口"位置形成了空间蒙太奇。

进入到观众厅之后，就更考验设计师的智慧了，在1200座规模的观众厅内想要实现经济节材，用"轻介入"的方式，那就要非常清晰地了解手中所掌握的资源。最终确定对以下几方面进行设计。

①声学界面：墙、顶面、地面；②照明：装饰照明、舞台照明；③座椅。所以最终呈现出两侧墙体与前厅墙体内外同为清水混凝土效果，并整合了音响设备与声学构造。照明设计与其他剧场不太一样的是，将功能性的蓝白场灯组织为照明设计的一部分，结合透声型金属网吊顶，虽然没有做特殊的灯光设计，但当观众厅部分的蓝白灯亮起时，整个空间被紫蓝色的灯光渲染如夜空，点点星光与墙面的网影、紫色的座椅共同构成奇幻浪漫的场景，将"光影叙事"的意境呈现出来。

在观演空间中，观演设计的出发点离不开观众厅内演出的剧目。设计师始终是个配角，观演内容才是核心。在这个项目中，我们尝试选择"轻介入"的方式来完成这个看似很宏大的观演类主题，从最终效果看是可行的。

北京电影学院影剧院从建筑采用清水混凝土这个材质开始，就注定了这是一个高度一体化的空间：建筑、结构、设备、室内界面……最终室内设计师成为这场空间蒙太奇的"导演"。这场大戏是否能够被观众感知还需要时间的检验。但我们希望可以通过不断的摸索，通过理性的设计推导呈现出富有感性色彩的空间作品。

昆山西部医疗中心

文 / 韩文文、曹阳、刘强　摄影 / 陈鹤

引言

疫情背景下，医疗建筑的设计引起了人们越来越多的关注。传统认知中纯功能、缺乏人情味的医院环境，正逐渐融入温暖感和舒适感。由崔愷院士带领多专业团队完成的昆山西部医疗中心，获得了2020年度中国医院建设奖评选活动的"中国十佳医院室内设计方案"奖项，这也是对中国院室内专业设计团队在医疗领域设计水平的肯定。

一 ｜ 本土化步入医疗空间

昆山西部医疗中心方案以本土化的视角，以关乎医院本质的思考，以全专业协同一体的设计方式，对医院空间的"体验性"进行全方位的探索。而室内设计专业在满足功能的同时，努力将空间本身营造成"疗愈"病人的一种手段。

让医院有更多的空间被园林环绕，与自然更亲近；让医院的外观和城市更好地融合；让医院的室

昆山西部医疗中心鸟瞰

医疗中心庭院

如同"留园""随园"等中国传统园林建筑。"园林式的空间格局"既是设计的出发点，又是设计的落脚点。设计试图营造一种无形却熟悉的体验，尽量让人们身在医院的每处空间，都能像在园林内一样感受自然环境的渗透，体验自然的景色、空气、味道。

建筑师和景观设计师在从地下一层到屋面的不同标高上设计了多个景观平台，让景观融入建筑，既设置内庭院、滨水花园、滨水栈道，又设置医疗

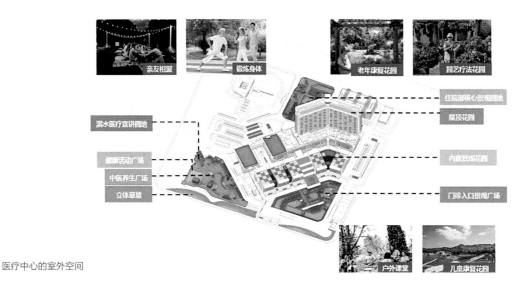

医疗中心的室外空间

内空间更亲切。这种从设计本身出发的善意，使空间具有了某种能量。空间"疗愈"所指向的不再是单独有关"功能合理性""空间风格样式""医疗水准"等感受，而是指向了有关医疗行为"体验性"的探索，指向了从生理到心理层面感受的升级和跃迁，这是以"人"的体验为核心的思考。

二 | 自然环境的"疗愈"

建筑师在空间格局的层面层层展开"本土化"语境，通过建筑、室内、景观一体化的设计手段，使空间品质得到提升。"自然与建筑"这一命题，在昆山当地的本土化语境里，非常清晰地指向了"苏州园林"。建筑师更愿意将此医院称作"医园"，

宣讲园地、中层屋顶花园、高层屋顶花园。上述自然景观与建筑相邻的部分是与室内进行渗透的部分，同时也是室内设计继续创造治愈性空间的基础。

三 | 室内空间的"疗愈"

如果说"将自然推到人们面前"是铺陈"疗愈"性空间的基础，那么如何在这样美好的空间进行合理的功能组织并进行风格表现，则是在室内设计层面实现"空间疗愈"要探讨的核心问题。

1. 与空间风格相融合的功能升级

室内空间按照"建筑—园林"这一本土化表述进一步分解，形成了独特的空间系统，并获得相关

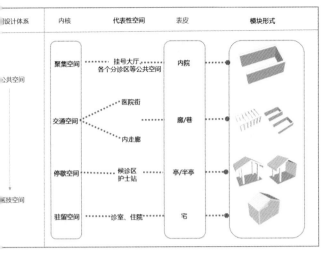
空间系统

的空间语义：①厅堂对应门诊或急诊大厅；②游廊对应走廊；③亭对应候诊厅；④宅对应诊室、病房。根据"游园"这一空间的脚本设定，各公共空间都由游廊串起，且游廊都临园而行。此"游园"概念串起2条流线：病患及家属流线、医生流线。

（1）病患及家属流线

病患就医体验的全程由地铁连廊＋地下入口＋门诊急诊大厅和就诊区以及医疗院街＋病房组成。当病患和家属走进医院，因组织合理的流线、不再拥挤嘈杂的大厅而精神舒缓；因有临园而坐的候诊区得到片刻的宁静；因住进有"一床、一窗、一景"的病房，可暂时转移对病痛的关注；因等待区与花

门诊楼大厅

医疗主街

急诊休息区

病房层护士站

园的融入，和专为24小时等待而设计的家具设施，而使抢救室外等候的亲友获得一丝安慰。

（2）医生流线

医生工作流线是诊室—医生走廊—医生休息室—医生餐厅。惯常思维会认为医院的主角是就诊的病人，设计的重点集中在病人流线上。但医生也是医院非常重要的使用者。如何保证医生工作的高效性、舒适性、安全性，使其获得更良好的体验，也是我们考虑的重点：将连廊的休息区、就餐区、宿舍均设置了可观景之处。

2. 节制而善意的设计

设计减少不必要的造型和色彩，从减轻病患心理压力角度出发，反推设计着力点。

基于以上分析，整体室内设计采用暖浅色调，弱对比处理；提炼江南园林中墙的灰与白两种色彩，

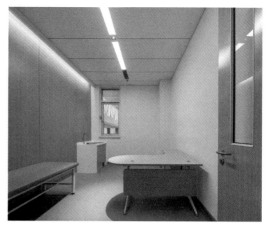

门诊走廊

医生诊室及休息室

抽象与提炼出"木色屋面 + 白色墙体"与"灰色造型轮廓 + 深灰色地面",形成了医院的风格逻辑基础。

同时对建造方式进行装配化、模数化、标准化方向的探索。装配化的方式方便安装拆卸,易于更换,方便后期运维。

3. 关注人性

秉承本土设计理论,设计方案更反映项目自身特性,不只重视医疗层面,而更关注使用者的体验感。"以患者为中心""以人为本",让医疗建筑的室内空间本身具有疗愈性,体现医院空间品质,并帮助医院塑造自己独特的医疗品牌。

4. 关注专业

致力于医疗建筑内部空间的全专业及全过程设计,中国建筑设计研究院有限公司室内空间设计研究院的专业人员配备齐全,服务意识突出,随着近年来医疗业务的增长,已形成集医院工艺流程设计与优化、内装修、净化工程、防护工程、空间标识与陈设的综合型医疗空间设计团队。在疫情期间,团队利用居家办公期间积极为疫情期间医院感染科建设提供技术支持,参与《综合医院传染病门诊设计指南》《传染病医院设计指南》《医疗建筑室内装修工程设计标准》的编写工作。坚持"以专业医疗服务设计提升医院建筑承载能力,以医院空间文化设计提升医院品牌竞争力"的设计理念,为医疗机构提供全程设计服务。

5. 关注落地

随着国家建筑工业化发展的进程日益增速,装配式建造技术在医院建设中有很好的应用基础。结合近年来在装配式装修方面的技术积累与项目实践经验,中国院研发出装配式医疗空间单元模块,通过标准化的设计、工厂化的生产与现场化的建造,最终可以实现医疗功能化、标准统一化、使用便捷化、效果多样化的目的。本产品已在 2020 年第十九届中国国际住宅产业暨工业化产品与设备博览会进行首次发布与展出,吸引了国内多家主流媒体、行业专家与意向客户的关注。期待"装配式医疗空间单元模块"可以助力未来国家医院建设向着更高质量发展。

医生休息走廊

电梯厅

候诊区

医生餐饮空间

装配式医疗空间单元模块

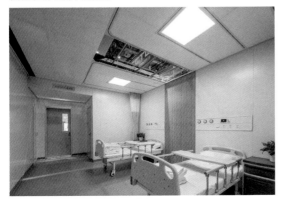

四 | 结语

后疫情时代，我国的医院建设正如火如荼开展，如何设计、建造出满足新时代需要的高品质医院建筑成为各方关注的焦点。本文以昆山西部医疗中心为例，探索现代医疗空间的本土化设计路径，提出通过本土化步入医疗空间、自然环境的"疗愈"、室内空间的"疗愈"等手段，实现新型"医园"建筑的设计与建造。

雄安高铁站

文 / 张栋栋、杨金鹏

一　项目概述

雄安高铁站，是雄安新区开工建设的第一个国家级重大工程，总建筑面积 47.5 万 m²，它既是实现疏解北京非首都功能和京津冀一体化的重要基础设施和节点，也是提供城市服务功能，带动城市集聚发展的城市门户。

2018 年底，雄安高铁站进入施工建设阶段，经过多个团队的持续努力，终于在 2020 年底如期建成通车。

在项目设计和施工配合过程中，崔愷院士作为首席设计师，对整体设计理念、建筑造型、室内空间、主要功能布局、绿色材料和技术应用等关键性重大问题作出决策，对项目价值取向和整体效果控制起到决定性作用；中国铁路设计集团有限公司（简称中国铁设）作为设计总牵头单位对项目全过程进行整体把控和协调，对项目顺利推进起到关键性作用；中国院充分发挥技术优势，负责站房整体造型设计，

站台层、高架候车厅、东西进站大厅、南北换乘通廊等关键部位的建筑室内一体化设计，并和中国铁设共同确定总体设计原则、专业设计原则及技术标准，负责重大技术方案和投资控制的组织研究确定，对建筑设计的高标准、高品质起到重要作用。

作为我国智能高铁新标杆，京雄城际铁路凝聚中国智慧，实现智能设计和智能运维，打造出一张中国高铁的新名片。

作为雄安新区千年大计的开路先锋，京雄城际铁路必将助力雄安新区加快产业聚集，成为驱动京津冀协同发展的新引擎。

二　设计策略

雄安高铁站从最初 "绿色大地上的露珠" 的设计理念，到后来大众口口相传的 "青莲滴露" 的建筑形象，都清晰地揭示了雄安高铁站作为绿色生态

外景

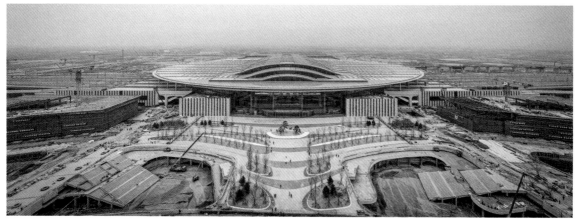

高架候车厅

高架候车厅顶面细部

进站厅

车站的特质。椭圆形屋顶上柔和滤光的阳光板保证站台的通透明亮，像素化的排列宛如水波泛起的涟漪波光，体现了雄安的水文化；站内功能空间与东西两侧城市通过地面城市通廊和城轨地下空间进行连通和融合，打破车站对城市功能的割裂，形成开放、自由、连续的城市公共空间，实现枢纽与城市交通一体化、站城空间一体化、站房内外功能一体化。京雄车场和津雄车场之间拉开的上下贯通的"光谷"，将自然光线和景观引入室内，从光谷中穿过的天桥两侧设置有机种植绿墙形成极具生态示范意义的"绿谷"，承载了雄安大地的农耕记忆。"高级灰"的混凝土开花柱和闪银色的钢结构一次成型不作多余装饰，展现出自然有力的结构美；借用 H 形截面钢柱对排水管系统进行精心组织，并以榫卯形式获得

综合交通枢纽模型

主进站厅

高架服务站

的"宫灯柱头"展示了传统形式和现代技艺的巧妙结合；西立面高 25m 宽 120m 的大跨弧形幕墙采取单竖索结构，点驳接件无多余构造，通透明亮简洁大方；东西立面站名标识牌创新性地采用亚克力无痕构造技术将标识和幕墙有机融合在一起；主进站厅高 10.2m 宽 77m 的巨幅网屏将信息展示、文化传播、室内装饰、艺术装置有机结合，成为面向城市的独特风景。以上独具匠心的技术设计体现了中国院对"工匠精神"和技术创新的持续追求。

三 | 结语

通过对具体的建筑室内空间进行功能和气氛营造，室内设计的目标和初衷才能达成。

室内的复杂设备设施，作为功能性的完善与提升，同时是与装修结合的难点。照明类设施，消防类设施，智能化类设施，让顶面呈现出一种复杂性丰富状态，与设计的简介化相矛盾。融合专业间规范差异的模数，水暖电的设备末端最佳布置往往依据空间的三维尺度来呈现，各自的呈现模数不一，也不易统一。而建筑学的模数化方法，以室内设计师的角色来达到模数化统一，参照产品行业的集成属性，末端集成设备盘（带）是解决这种模数化统一的适用方法，可创造一种极简的美感，朴实无华、自然沉稳，以实现精细化设计和工程实施。

本项目以集成化的技术手段与方法，采用了集成设备的方式，来融合与缩减设备的表观数量，达成高实现度，解决维护问题。

厦门新机场

文 / 顾建英

一 ｜ 项目概况

2022 年 1 月 4 日，厦门新机场项目开工仪式在厦门市翔安区大嶝岛举行。厦门新机场是区域性枢纽机场及两岸交流门户机场，作为国家实现海西战略的重要支撑，承担区域内大多数航空运量，运行主要国际、地区航线。

航站楼以大厝屋顶作为造型设计意象，表达对闽南本土文化与建筑智慧的致敬。高耸微弧的正脊、端部"燕尾式"起翘的造型给人以纤巧华丽的视觉感受。分段迭落的古厝形象表现出沿海居民热情豪爽的性格，具有鲜明的地域特色。

航站楼采用与跑道相适应的放射状构型，使 T1 航站楼的最远步行距离控制在 640m，处于同规模航站楼的领先水平。选用二级放射的航站楼构型，使旅客的步行距离与较少的方向选择之间找到平衡。并同时形成多个非锐角连续港湾，提高站坪使用效率。

二 ｜ 设计策略

机场属于交通建筑类型，是一个多工种、多专业集成的综合体。对于机场室内设计而言，面临多专业相互协调，相互制约的客观条件，需要在一个设计导则框架下进行系统的、细致的协调梳理过程。因此，明确室内设计导则是此工作的主干，在此基础上，分工种、分专业进行设计，会大大提高工作效率。

室内设计导则由三部分组成：设计概念、设计元素、各流程区域设计导则。

三 ｜ 设计概念

1. 设计主题

主题定位取决于三方面：地区的文化特点和人们的文化背景；机场所处的地理区位及城市特性；

厦门新机场鸟瞰图

航空旅途主题的诠释。

主题——闽台海洋文化；

特征——开放包容、温馨友善、现代时尚（智慧）；

定位——现代化国际性滨海人文机场。

2. 设计原则

（1）室内设计是为人服务的，应当结合人在机场中的体验进行室内环境营造、氛围烘托、场景设置。

（2）室内空间布局和装饰材料选择需要考虑符合航站楼的功能要求。

（3）航站楼内尺度巨大，既有大空间，又有小空间，各功能空间尺度和特点均不相同，设计可以存在差异，解决好大小空间的转换和衔接。

（4）对于各个区域的特点，可以从动与静、快与慢、雅和俗、冷与暖等差别性进行设计表达。

（5）从室内硬装、软装、功能设施细节设计、公共艺术展示四方面综合实现设计意图。

四 | 设计元素

1. 海洋文化的多样性
2. 闽台文化

五 | 各流程区域设计导则

细分各流程区域的功能特点、旅客行为心理特点、建筑空间特点，专业、专项的分工协作让旅客从进站到登机、从到站到中转或出站过程中，在每个区域都能得到舒适的身心体验。

（1）专业设计包含：建筑设计、结构设计、暖通、电气、给水排水、幕墙、绿色建筑、概预算等专业。

（2）专项设计包含：商业策划、标识、广告、照明、声学、景观、软装、安防、海关、无障碍等专项。

在这个设计导则的框架下，分工种、分专业、分专项进行设计。专业和专项之间有先后、平行关系，相互制约。在一个设计组织框架下进行调度，使工作效率大大提高。

① 三层值机大厅，室内设计和照明设计专项的相互结合。

建筑屋面的天光可以通过屋面直接进入室内空间，节能遮阳如何调节，也成为该空间设计的要点之一。照明设计在室内设计的空间框架下，进行了多时段、多场景的深化处理。白天——自然光透过船桨形天窗进入大厅，局部与人工光结合，空间清新、

值机大厅入口

动态演绎场景;   建筑形态照明:表现建筑结构的形体美感;   功能照明:满足空间功能需求;

A 外表面   端点   B 航体照明   C 功能下照

航站楼中脊天窗下方船形格栅

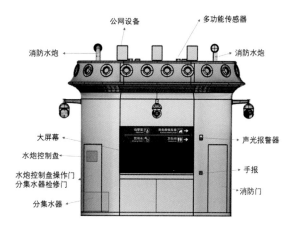

公网设备   多功能传感器

消防水炮   消防水炮

大屏幕   声光报警器

水炮控制盘   手报

水炮控制盘操作门
分集水器检修门   消防门

分集水器

集成风塔

明亮;节日——近人尺度局部被淡彩晕染,配合中庭波浪形吊栅舒缓动态演绎,营造碧水微澜的浪漫,又富有变化氛围;夜晚——环境照明与直接照明结合,空间柔和、舒缓,突出机场海洋文化的设计主题;深夜——减弱环境照明,强调功能设施(安检台、问讯柜台等)功能照明。

紧扣导则海洋主题的巨型船形天窗,成为大厅的视觉焦点。通过控制密度、端头发光处理,后期可结合灯光,营造不同需要的空间氛围。

面光源、线光源、点光源,相辅相成,可根据不同氛围需求调控,以满足各种不同场景需求。由此可见照明专项设计的介入,不仅完善了设计内容,更加提升了空间设计品质。

② 建筑声学设计专项给室内空间设计带来的新技术、新材料,解决了空间造型审美的要求。

吊顶系统主要采用的是平板加天窗的方式,希望给人以干净的感觉。最初考虑到吸声要求,平板吊顶要求穿孔处理,穿孔率最少要达到 20%,穿孔明显,严重影响效果。经声学专项设计反复模拟测试和市场调研,最终选择了正面穿孔直径 1.6mm、正方形排列、孔间距 8mm、穿孔率 3.14%,背面穿孔直径 1.8mm、正方形排列、孔间距 6.25mm、穿孔率 6.5%,背面贴 soundtex 吸声纸处理方法,既解决了声学特性,又满足装饰效果。

③ 风塔的缩小。

在三层出发厅的中轴线上,有四个巨型风塔,5600mm×2400mm×4500mm,里面包含各种设备。要放下这么多设备,在各自系统独立的前提下,风塔尺寸已无再缩小的可能。

预制一体化、多系统集成的新风塔,把之前多个独立系统进行整合,具备空气处理的所有功能,并将原空调箱机房取消,其尺寸为3350mm×2000mm×4500mm,较之前占地面积缩小了 40% 左右,有效地解放了空间。

在一个设计导则的框架内,各专业、专项各司其职,相互协作,起到了一加一大于二的实际效果。

六 | 感悟

厦门新机场在建筑、室内一体化要求下进行,又是多专业、多专项,系统复杂的一个项目。除了方案设计本身以外,大量的设计管理、协调、梳理工作贯穿始终。设计师深刻体会到设计管理的重要性和必要性。高效的管理能够大大提高项目的品质。

太原市滨河体育中心

文 / 邓雪映　摄影 / 张广源、高文中

一 ｜ 设计策略

1. 既有建筑改造总体设计原则及脉络

太原市滨河体育中心老馆建成于1998年，是山西省早期修建的大型综合性体育场馆和公共活动场所之一，因2019年第二届全国青年运动会迎来了改造与扩建。老馆作为特定历史时期建造的城市公共文化设施，代表了城市的特色标识和公众的时代记忆。区别于历史性建筑改造中常用的差异化并置新旧元素的理念，老滨河体育中心因形象陈旧而缺乏美感，被选择以丰富而活跃的新形态取代。作为城市更新项目，通过合理有效的旧建筑改造，既保留了城市记忆，也提升了城市空间品质。

2. 一体化设计体系逻辑

既有建筑的改造，对建筑、结构、机电、室内、景观及照明等各专业的配合提出更高的要求。建筑品质源于空间整体性的提升，在旧建筑空间内部，混凝土部分采取增加阻尼器、粘接钢板及钢筋网片等方式加固；老馆原钢结构网架已变形，经结构检测和经济性论证后整体更换，保留改造的技术策略精细而经济。机电专业结合新的使用需求和运营需要，根据室内专业所规划的空间形态，改变以往均布的管线路由，提升局部空间高度，顺应人流流线和幕墙关系。室内专业在建筑外部形态与内部空间整合方面，通过使用场景设定，行为模式模拟，视线角度分析等手段，达到建筑内外空间的统一性和高完成度。

3. 室内专业的"越位"思考

设计基础调性：① 体现新老建筑的关系。② 对

改造前后对比，Y字形立面（上图），南侧广场（下图）

建筑主题"速度与力量"的回应。③ 建筑内外界面的一致性。建筑外立面更新部分的设计，注重创新性；外立面更新中突出体量而弱化立面处理，采用密纹开缝式蜂窝铝板幕墙。设计师同时测试了多种铝板表面的涂层，力图做到柔和无眩光。室内也秉持了同样的原则，在造价合理基础上进行了材质的调换。④ 解决赛时及赛后使用需求，细化使用功能。游泳馆内部，两侧墙既有通风窗又有通风管道，标高很低，中间的工字钢成短"V"形，在尽量保证高度的原则下，把发光膜设置在梁侧，在做法上尽量密闭绝缘，杜绝水汽侵蚀。

二 ｜ 设计感悟

一个运营良性的公共建筑，将给所在的社区甚至城市带来积极的机遇和变化。滨河体育中心的建成投入使用，给周边的市民带来了更多的娱乐、健

入口门厅

整体建筑关系示意图

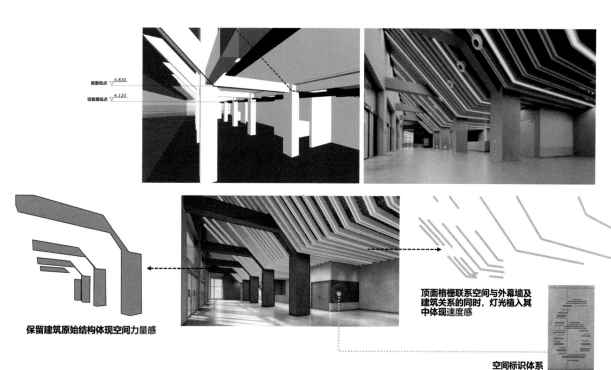

保留建筑原始结构体现空间力量感

顶面格栅联系空间与外幕墙及
建筑关系的同时，灯光植入其
中体现速度感

空间标识体系

屋顶空间结构示意图

身、商业活动的机会。除了主馆功能以比赛为主，训练馆和游泳馆基本上以赛后商业运营作为主要功能。所以在空间平面和流线的处理上，要预判赛后运营及管理的需求，减少礼仪性和空置性强的设计，尽量考虑平时商业性使用相关的材料和尺度。

体育建筑空间对设计逻辑的完整性，建筑空间内外统一性要求很高。建筑内部空间界面强调张力，

利用标识系统通过视觉引导来对瞬间人流进行疏散，这都是有别于其他建筑类型空间的特点。

2017年5月，设计工作启动，2019年3月竣工。因为改造项目的复杂性，在项目实施过程当中，大多数问题都不能仅站在本专业的角度去解决。要从其他专业的角度来思考和探讨问题，才能清楚地梳理出实现工作目标所要经过的路径。

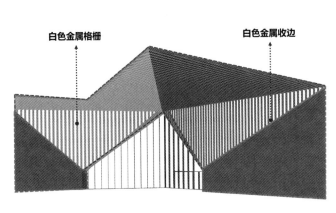

白色金属格栅　　　　　　　　　　白色金属收边

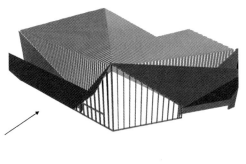

200mm
160mm　　300mm

顶面格栅从墙上折下来，延续到立
面，折面顺应建筑外幕墙趋势

格栅的线性光体现速度感，与建筑主题相呼应

建筑内外界面分析

训练馆入口大厅

三 | 结语

在我早期的设计工作中，"做好自己的事情"，似乎是我遇到的第一个原则。但这个原则，会导致在要求系统性和完整性颇高的复杂设计体系面前，工作停滞无法向前。太原市滨河体育中心的改造设计教会了我工作的第二个原则：统筹与协调。

最终，太原市滨河体育中心获得广受国际建筑界瞩目的 2021 Architizer A+ Awards 体育场馆类专业评审奖。

建筑外立面金属肌理　　室内幕墙立面及顶面金属格栅处理

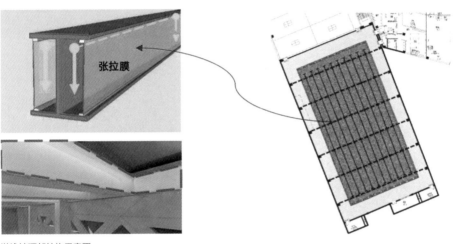

张拉膜

游泳馆顶部结构示意图

游泳馆

第四节

创新科研技术

以工程实践为基础，
做总结经验、建立标准、创新技术、
提升效能的探索者。

建筑低碳设计策略研究

文 / 龚进

一　低碳设计概述

国家应对气候变化发布了有关节约能源、保护生态环境的相关法律法规，并进行了碳达峰、碳中和的决策部署，随着国家标准《建筑节能与可再生能源利用通用规范》GB55015 — 2021 的实施，建筑师在提升建筑室内外环境品质和建筑质量的同时，需要降低建筑用能需求，高效利用能源，根据当地资源与适用条件统筹规划可再生能源，降低建筑碳排放强度。因此建筑设计师开展建筑设计时必须拥有高度的环保意识与低碳理念，对应规划、建造、运维、拆改各阶段的设计影响因子，分项研究低碳建筑的设计方法，形成建筑低碳设计策略。

二　设计策略

1. 场地选择与规划布局

我国各地气候差异大，按照建筑热工气候分区，我国可分为严寒、寒冷、夏热冬冷、夏热冬暖、温和地区五个不同气候分区，在场地选择和规划布局上应有不同的应对策略，关注当地太阳辐射、温度、湿度、风环境等多因素对建筑的影响，遵循人与自然和谐统一的理念，按照功能实际需求，使人工建筑环境与生态环境相融合，响应城市形态结构，超轻量化和紧凑型发展，尽可能增加建筑的使用寿命，减少拆改和新建工程量。总体规划布局上尽量提高绿地面积，增加场地的碳汇能力。

2. 建筑功能与体形选择

基于低碳原则的建筑设计在建筑规模上应适度，遵循被动节能措施优先的原则，建筑的朝向与体形系数都是非常关键的因素，充分利用天然采光、自然通风，对不同功能空间的用能标准进行区分，尽可能采用性能好、能耗低且使用寿命长的建筑体形，降低建筑建造中资源损耗量及后期运行用能需求。

3. 维护结构与材料选择

建筑的维护结构需与当地的气候相结合，按照不同气候分区采用不同的设计策略，处理好保温、隔热、遮阳、通风等诸多问题。墙面可采用蓄热能力好的外墙体系，可利用双层中空墙减少室内外热交换影响。Low-E 中空玻璃、光伏玻璃以及隔热断桥型材在外墙的应用都对提升舒适度和减少能耗有直接作用。屋面的节能设计最常见的是传统保温屋面、蓄水隔热屋面、覆土种植保温隔热屋面、双层通风隔热屋面等设计方法。还可将屋面绿化、墙体垂直绿化、阳台立体绿化以及室内绿化结合使用，充分储存雨水、利用植物遮阳，其蒸发的水蒸气还可净化空气，调节屋面、墙面和室内的温度，通过建筑绿化提高碳汇能力，进行建筑自身的碳中和。

在材料的选择上需要控制建筑材料用量并匹配尽量低的碳排放因子，从目前的建筑碳排放计算来看，建筑钢材、砌块砖、混凝土、生石灰、水泥、门窗等十余种主材在建材生产阶段碳排占比 99% 以上，设计中尽量将碳排放因子高的建筑材料替换为碳排放因子低的建筑材料，譬如将传统砌块材料替换为建筑用轻质隔墙条板，如加气水泥条板，发泡陶瓷条板等，不仅降低材料生产碳排放强度，还能降低建造和后续拆改的碳排放。建筑师需要配合结构工程师基于大量统计分析，发展低碳建筑结构体系，如木结构、钢结构（考虑木材及钢材的回收）等，减少建筑主材料生产阶段碳排放，并提出典型建筑的主材用量指标，方便在项目初期对建材用量及其碳排放量进行估算。选材上除了采用碳排放因子低的材料外，还可选择具有固碳能力的绿色建材，如以 CO_2 作为生产原料或可吸附 CO_2 的建材，可以收集、储存、利用 CO_2 达到减少碳排放强度的目的。

4. 室内环境与可再生能源应用

低碳建筑设计不应单纯以减少 CO_2 的排放量为目标，更不应以牺牲舒适度为代价。建筑低碳设计更主要的目的是对建筑室内外环境的健康性设计，因此要对建筑热工环境、空气质量、声环境和光环境等诸多因素进行考量，尊重自然环境，采用被动式节能设计建立建筑室内环境良好的气候适应性，增加过渡舒适小时数，降低夏季过热小时数，降低冬天过冷小时数，减少建筑运行用能。

在低碳建筑的设计过程中，尽可能地使用可再生能源，如太阳能、风能、地热能、生物质能、海洋能，需要考虑到设备的安装问题，预留足够的空间，将设备和建筑融为一体。建筑的能源消耗存在地区差异性，一定要充分结合当地的气象资料，明确当地可再生能源的条件，了解其中可再生能源的优势与劣势，从而采取针对性的设计应用策略，最大限度地发挥可再生能源的作用。

5. 装配式设计与施工

装配式建筑设计中融入绿色低碳环保理念，为当前国家建筑发展的重点推进方向，指将预制部品、部件通过系统集成的设计实现建筑主体结构构件预制，非承重围护墙和内隔墙非砌筑并全装修的建筑。

装配式建筑设计应符合建筑全生命周期的可持续发展原则，满足建筑体系化、设计标准化、生产工业化、施工装配化、装修部品化和管理信息化等全产业链工业化生产方式的要求，节约资源能源、减少施工污染、提升劳动生产效率和质量安全水平，促进建筑业与信息化、工业化深度融合，实现建筑业的绿色、低碳、环保。

三 | 结语

建筑低碳设计应与区域气候相结合，提高建筑的性价比、经济效益，提升建筑适用性、提高建筑空间利用率，注重建筑结构的安全性、耐久性以及低碳节能性，实现结构的合理可靠，告别资源依赖，走向技术依赖，让人们感受到低碳建筑所带来的切身利益。

室内空间低碳设计策略研究

文／王强、曹阳、王瑶

摘要

在国家大力推动建筑领域双碳行动的背景下，各房地产开发企业也纷纷采取措施推动建筑绿色低碳、实现高质量发展。首开地产以节能减排为业务开展的基本原则，采用装配式装修方式，推动精装修项目，践行"减碳"目标。通过对装配式装修隔墙部品全生命周期的碳排放计算，得出模块化隔墙明显比蒸压加气混凝土条板隔墙（简称 ALC 条板隔墙）减少 80% 的碳排放量，比传统轻钢龙骨减少 13% 的碳排放量，具有明显的节能减排优势。结合首开现有精装修交付项目绿色减排目标，本文提出通过应用"低碳化"的装配式装修部品、搭建合理节能的供应链体系、采用 EPC 工程总承包实施方式等手段，实现地产开发项目绿色高质量建设，为后续开发实践案例及碳排放计算提供基础研究数据。

一 | 研究背景

（一）中国建筑业碳排放量占比大，绿色建筑助力"碳控制"

2021 年 10 月 13 日，住房和城乡建设部官网发布公告，批准《建筑节能与可再生能源利用通用规范》为国家标准，编号为 GB55015 — 2021，自 2022 年 4 月 1 日起实施。其中该标准 2.0.5 条规定，新建、扩建和改建建筑以及既有建筑节能改造均应进行建筑节能设计及碳排放分析报告。

（二）装配式装修助力建筑行业节能减排

在全行业推动绿色低碳、高质量发展的大背景下，我们需要以发展装配式建筑为契机，改变现有装修方式，大力推动装配化装修，以实现提升装修质量品质和降低资源环境负荷的双重目标。装配式装修是装配式建筑的重要组成部分，也是装配式建筑实现减碳目标的重要手段。装配式装修是主要采用干式工法，将工厂生产的标准化内装部品在现场进行组合安装的装修方式实现的。

与传统装修相比，装配式装修优势明显。传统装修装修时间长、效率低；对劳动用工依赖大；后期维修更换不便。这会带来两大问题：一是高资源消耗、高环境负荷。二是质量通病频发，装修精度不高造成的翻新、维修维护次数变多。

二 | 装配式装修碳控制发展趋势

2021 年是"十四五"规划的开局之年，全国各地持续加大装配式建筑工作力度。装配式建筑迎来更好的发展环境与市场机遇，同时在"碳达峰""碳中和"环境背景下，代表着未来主流方向的装配式装修，也有望引领装修模式与建材领域的第二次变革。

（一）选用低碳化装配式装修部品

装配式内装更符合绿色建筑的理念。从环保需求来看，一方面是为了降低建筑能耗，另一方面是为了减少对人体的伤害。2015 年主要建筑材料的能耗和碳排放，水泥生产能耗占建筑总能耗的 43%，二氧化碳排放占 59%。在装配式装修中使用环保材料可以大大降低室内装修中水泥、砂浆等材料的消耗，对于降低建筑能耗和碳排放非常有利。从有害

装配式装修与传统装修特点对比

序号	评估项	对比传统装修，装配式装修具备特点
1	材料	材料本身绿色环保；材料构造绿色环保；高出材率
2	策划	以绿色环保为初衷进行前期策划；以人为本，紧密结合用户需求；一体化统筹策划，提高装配率
3	设计	管线分离(提升内装可塑性，延长建筑主体寿命)；系统集成(减少人力物力，施工高效环保快捷)；部品部件耐久性(提升居住品质，降低拆换损耗率、减少资源浪费)；数字化(提升设计功效，促进全产业链协同、实现部品选型)
4	生产	部品部件标准化模块化生产；生产供应与施工流程高度协同；精准测量，提高容错能力
5	施工	施工作业高效；施工现场环保；施工资源节约；以人为本，提升工人和用户满意度
6	运维	维修量降低；维护和谐环境；高重置率和回收复用率

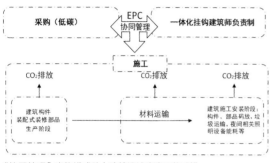

"协同管理"实施模式助力建筑设计建造环节减排

物质对人体的控制标准来看，装配式装修的指标明显更严格，甲醛释放量相对传统装修较低。以装配式装修为手段，打造"低碳化"的技术体系，逐步改善传统装修方式高污染、高能耗、噪声大、浪费多的问题，选用低碳化的装配式装修部品应注意以下几个方面：

1）减少高耗能的装配式部品材料的使用数量；

2）选用使用寿命比较长的装配式装修部品；

3）在装配式装修技术体系或产品体系选型过程中，综合考虑部品生产加工、运输、建造、运维、拆除等全过程的资源消耗情况，结合产品成本和技术优势，统筹筛选建立更加绿色低碳的产品。

（二）采取"协同管理"的实施模式

装配式装修项目积极采取设计、采购、制造、施工"协同管理"的 EPC 工程总承包及建筑师负责制实施模式，发挥设计的主导作用，为共同的实施目标协同工作，促进产业链深度融合。在实际项

目开展初期，选择综合实力较强，具备开展"一体化"EPC 专业服务的装配式装修企业，帮助项目统筹技术标准、限额设计、控制工程量、预制部品部件品控、控制施工周期、优化成本等，避免设计、生产、施工等端口各自为政。

（三）装配式与其他节能技术体系融合

中共中央办公厅、国务院办公厅印发了《关于推动城乡建设绿色发展的意见》，意见指出实施建筑领域碳达峰、碳中和行动，其主要实施路径首先可以通过装配式技术和超低能耗、近零能耗技术相结合，实现工程建设全过程绿色建造；其次通过装配式技术和数字化智慧技术相结合，可在建筑运维期间降低碳排放，减小对环境的污染，获得更好的居住体验，实现可持续发展。

例如，通过装配式建筑和超低能耗被动房技术的结合，项目则可在全生命周期缩小建设周期，减少对环境的污染，获得更好的居住体验，实现可持续发展。这无论对环境还是居住者来说，都是一个

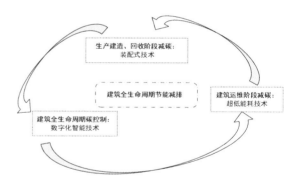

建筑全生命周期碳控制相关技术融合

双赢的局面。装配式超低能耗技术主导的创新体系中，装配式技术可大大提高劳动生产率及建筑寿命；超低能耗被动式建筑可大幅提升建筑能效。装配式超低能耗建筑，是建筑业实现节能减排的必经之路。

与数字化平台的融合可对建筑全生命周期碳排放进行整体流程的管理管控，从智能终端的碳排放情况收集到建筑回收阶段的部品可追溯均须结合数字化平台思维整合。

通过以上分析可以看出，装配式装修作为装配式建筑不可分割的一部分，与超低能耗、数字化技

术融合成为未来研究和发展的重要方向之一。

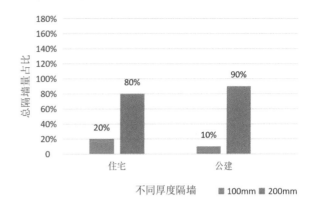

不同厚度隔墙占比

三 ｜ 重点部品碳排放计算

（一）研究范围的界定

本文研究的装配式装修建筑类型为住宅建筑及商业建筑。建筑装饰装修其作用是保护建筑主体结构，完善建筑的使用功能。装饰装修材料指装饰装修部品的主要材料及辅助材料；装饰装修部品是承载使用功能的装饰装修构件。其中模块化隔墙有隔声、防火等重要性能，其与设备管线及墙、地之间的关系较为复杂，故隔墙系统为研究的重中之重。因 200mm 厚隔墙在住宅和公共建筑中所占比例较高，故本次研究选择以 200mm 厚模块化隔墙为例。

根据中国建筑节能协会能耗统计专委会的定义，建筑全生命周期的碳排放包括建筑材料生产及运输、建筑施工、建筑运行及建筑拆除四个部分。其中建筑材料生产及运输涉及建材生产阶段能耗应单独开展研究；建筑施工和建筑拆除阶段可以合并统计为建筑施工阶段能耗。通过参考建筑的全生命周期，结合装配式装修的自身特点，可将装配式装修基础部品的全生命周期评估拆分为生产、运输、安装、运维、拆卸、回收 6 个环节。

其中，生产环节与部品的各种材料加工有关；运输环节与部品的重量、运输方式以及运输距离有直接关系；安装环节与安装机械类型和安装时间相关；运维环节直接由使用功能和使用量决定；拆卸环节取决于拆卸机械类型与拆卸时间；回收环节包括部品回收处理所引起的碳排放。

（二）基础部品全生命周期碳排放计算依据

通过借鉴《建筑碳排放计算标准》（GB/T 51366-2019）中的计算方法，结合装配式装修的自身特点，装配式装修全生命周期碳排放计算模型，为各阶段产生的二氧化碳当量的总和，即：

$$T = T_p + T_t + T_i + T_o + T_d + T_r$$

公式中，T 表示装配式装修基础部品生命周期的碳排放；T_p、T_t、T_i、T_o、T_d、T_r 分别为基础部品生产环节、运输环节、安装环节、运维环节、拆除环节和回收环节中产生的碳排放。

装配式装修基础部品全生命周期示意图

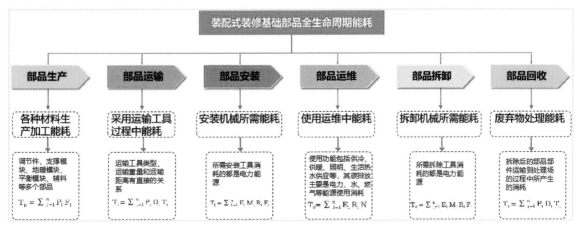

（三）模块化隔墙系统全生命周期各阶段碳排放量计算

以一面 2680mm 高、200mm 厚、600mm 宽的内隔墙为例，分别采用模块化隔墙、ALC 条板隔墙、传统轻钢龙骨隔墙进行对比测算全生命周期产生的碳排放量。

（1）生产环节

一面 2680mm 高、600mm 宽、200mm 厚的内隔墙模块化隔墙、ALC 条板隔墙、轻钢龙骨隔墙生产环节，所需相关产品材料及碳排放量如下表。

模块化隔墙生产环节碳排放量核算

产品	消耗数量（kg）	碳排放因子	总碳排放量（kg）
竖龙骨	28.30		88.02
横龙骨	6.25		19.44
三连焊接角码	2.88	3110 $kgCO_2e/t$	8.96
单连焊接角码	1.17		3.64
连接片	6.9		21.46
包覆岩棉（容重 60k）	101.304	1980 $kgCO_2e/t$	200.52
顶龙骨	9.56	3110 $kgCO_2e/t$	14.87
地龙骨	6.73		10.47
岩棉复合板	4.725	1980 $kgCO_2e/t$	9.36
合计	102.34	—	376.74
单位面积（/m²）			46.92

备注：表中龙骨产品的碳排放因子参考《建筑碳排放计算标准》（GB/T 51366-2019）中碳钢热镀锌板的碳排放因子，岩棉产品参考岩棉板的碳排放因子。

ALC 条板隔墙生产环节碳排放量核算

产品	消耗体积（m³）	消耗数量（kg）	碳排放因子	总碳排放量（kg）
ALC	1.6096	1768	$341\ kgCO_2e/m$	548.32
水泥砂浆	0.0386	84.90	250 $kgCO_2e/m$	9.648
合计	1.6482	1852.90	—	557.96
单位面积（/m²）				69.40

备注：表中 ALC 产品的碳排放因子参考《建筑碳排放计算标准》（GB/T 51366-2019）中蒸压粉煤灰砖的碳排放因子，水泥砂浆参考 C30 混凝土的碳排放因子下调一点。

轻钢龙骨隔墙生产环节碳排放量核算

产品	消耗数量（kg）	碳排放因子	总碳排放量（kg）
竖龙骨	15.11	3110 $kgCO_2e/t$	46.99
横龙骨	1.84		5.72
岩棉（容重 60k）	101.304	1980 $kgCO_2e/t$	200.52
顶龙骨	10.03	3110 $kgCO_2e/t$	31.22
地龙骨	7.07		21.99
合计	135.36	—	306.62
单位面积（/m²）			38.14

备注：表中龙骨产品的碳排放因子参考《建筑碳排放计算标准》（GB/T 51366-2019）中碳钢热镀锌板的碳排放因子，岩棉产品参考岩棉板的碳排放因子。

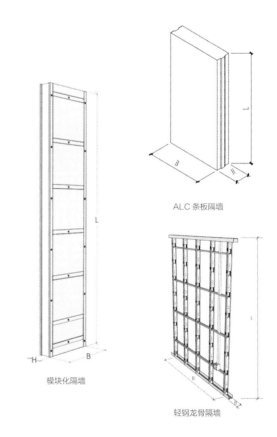

ALC 条板隔墙

模块化隔墙

轻钢龙骨隔墙

不同种类隔墙示意图（图片来源：《住宅装配化装修主要部品部件尺寸指南》）

注：1 模块化隔墙因为其构造及性能原因，150mm 厚的模块化隔墙性能与 200mm 厚的 ALC 条板隔墙、轻钢龙骨隔墙相当，故在计算时对重量等相关因素予以考虑；2 回收环节碳排放计算，经统计模块化隔墙普遍回收次数为 3 次（三次回收分别按照 90%、70%、50% 回收率进行计算），ALC 条板隔墙回收次数为 0 次，轻钢龙骨隔墙回收次数为 1 次（回收率按照 50% 进行计算）；3 ALC 条板隔墙管线敷设需剔槽，故安装期间机械动能碳排放量需在计算范围内。

（2）运输环节

运输采用轻型柴油货车运输（载重 2t）。表中运输的碳排放因子参考《建筑碳排放计算标准》（GB/T 51366-2019）中轻型柴油货车运输的碳排放因子。模块化隔墙、ALC 条板隔墙、轻钢龙骨隔墙运输环节所产生的碳排放量如下表。

模块化隔墙运输环节碳排放量核算

产品	消耗数量	平均运输距离	碳排放因子	总碳排放量（kg）
模块化隔墙及配件	0.1155t	100km	0.286kg CO_2e/t.km	3.30
合计				3.30
单位面积（/m²）				0.41

ALC 条板隔墙运输环节碳排放量核算

产品	消耗数量	平均运输距离	碳排放因子	总碳排放量（kg）
ALC 及配料	1.853t	100km	0.286 kgCO_2e/t.km	53.00
合计				53.00
单位面积（/m²）				6.59

轻钢龙骨隔墙运输环节碳排放量核算

产品	消耗数量	平均运输距离	碳排放因子	总碳排放量（kg）
龙骨及配件	0.0762t	100km	0.286 kgCO_2e/t.km	3.87
合计				3.87
单位面积（/m²）				0.48

（3）安装环节

单笼施工电梯的能源用量参考《建筑碳排放计算标准》（GB/T51366-2019）中的相关数据。电力碳排放因子来源于 2020 年 12 月 29 日国家气候战略中心发布的"2019 年度中国区域电网基准线排放因子"，选取华北区域的排放因子。装配式隔墙、ALC 条板隔墙、轻钢龙骨隔墙安装环节所产生的碳排放量如下表。

装配式隔墙安装环节碳排放量核算

施工机械	单位工程台班消耗量（h）	单位台班能源用量（kWh）	工程量（天）	电力碳排放因子	总碳排放量（kg）
手电钻	2	0.7	0.5	0.9419 tCO₂/Mwh	13.19
临时照明	2	0.1	0.5		0.09
另：单笼施工电梯	0.1023t	42.32 kWh/t	—		4.60
合计					17.88
单位面积（/m²）					2.22

电力碳排放因子为 $0.9419\ tCO_2$/Mwh

ALC 条板隔墙安装环节碳排放量核算

施工机械	单位工程台班消耗量（h）	单位台班能源用量（kWh）	工程量（天）	电力碳排放因子	总碳排放量（kg）
云石机	2	1.45	1	0.9419 tCO₂/Mwh	54.63
射钉枪	2	2.3	1		86.65
临时照明	2	0.1	1		0.19
另：单笼施工电梯	1.853t	42.32 kWh/t	—		78.42
合计					219.89
单位面积（/m²）					34.07

轻钢龙骨隔墙安装环节碳排放量核算

施工机械	单位工程台班消耗量（h）	单位台班能源用量（kWh）	工程量（天）	电力碳排放因子	总碳排放量（kg）
手电钻	2	0.7	0.5	0.9419 tCO₂/Mwh	13.19
云石机	1	1.45	0.5		13.66
临时照明	2	0.1	1		0.19
另：单笼施工电梯	0.0762t	42.32 kWh/t	—		5.40
合计					32.42
单位面积（/m²）					4.03

（4）运维环节

三种隔墙在运维环节无碳排放。

（5）拆除环节

模块化隔墙在拆除环节碳排放量主要为手电钻等拆除工具的耗电量。三种隔墙拆除环节碳排放量如下表所示。

模块化隔墙拆除环节碳排放量核算

施工机械	单位工程台班消耗量（h）	单位台班能源用量（kWh）	工程量（天）	电力碳排放因子	总碳排放（kg）
手电钻	2	0.7	0.5	0.9419 tCO$_2$/Mwh	13.19
另：单笼施工电梯	0.1023t	42.32 kWh/t	—		4.60
合计					17.79
单位面积（/m^2）					2.21

ALC 条板隔墙拆除环节碳排放量核算

施工机械	单位工程台班消耗量（h）	单位台班能源用量（kWh）	工程量（天）	电力碳排放因子	总碳排放（kg）
云石机	4	1.45	1	0.9419 tCO$_2$/Mwh	109.26
电镐	4	1.7	1		128.10
另：单笼施工电梯	1.853t	42.32 kWh/t	—		78.42
合计					315.78
单位面积（/m^2）					39.27

轻钢龙骨隔墙拆除环节碳排放量核算

施工机械	单位工程台班消耗量（h）	单位台班能源用量（kWh）	工程量（天）	电力碳排放因子	总碳排放（kg）
手电钻	2	0.7	0.5	0.9419 tCO$_2$/Mwh	13.19
另：单笼施工电梯	0.0762t	42.32 kWh/t	—		5.04
合计					18.58
单位面积（/m^2）					2.31

（6）回收环节

模块化隔墙在回收环节碳排放量主要为材料再利用节省的材料生产环节的碳排放量。三种隔墙在回收环节碳排放量如下表所示。

模块化隔墙回收环节碳排放量核算

产品	消耗数量	平均运输距离	碳排放因子	总碳排放量（kg）
模块化隔墙及配件	0.2922t	100km	0.286 kgCO$_2$e/t.km	8.36

产品	回收数量	碳排放因子	总碳排放量
可回收产品（龙骨）	0.0839t	3110 kgCO$_2$e/t	−261.08
合计			−252.72
单位面积（/m^2）			−31.43

ALC 条板隔墙回收环节碳排放量核算

产品	消耗数量	平均运输距离	碳排放因子	总碳排放量（kg）
ALC 及配料	1.853t	100km	0.286 kgCO$_2$e/t.km	53.00
合计				53.00
单位面积（/m^2）				6.60

轻钢龙骨隔墙回收环节碳排放量核算

产品	消耗数量	平均运输距离	碳排放因子	总碳排放量（kg）
龙骨、岩棉及配件	0.1354t	100km	0.286 kgCO$_2$e/t.km	3.87

产品	回收数量	碳排放因子	总碳排放量
可回收产品（龙骨）	0.0085t	3110 kgCO$_2$e/t	−26.36
合计			−22.48
单位面积（/m^2）			−2.79

（7）合计

经统计，三种隔墙部品各环节碳排放情况如下表所示。

模块化隔墙各环节碳排放量核算

各阶段	碳排放量（kg）	单位面积碳排放量（kg/m^2）
部品生产环节	376.74	46.92
部品运输环节	3.3	0.41
部品安装环节	17.36	2.22
部品运维环节	0	0
部品拆除环节	17.79	2.21
部品回收环节	−160.61	−19.98
合计	254.58	31.78

ALC 条板隔墙各环节碳排放量核算

各阶段	碳排放量（kg）	单位面积碳排放量（kg/m^2）
部品生产环节	557.96	69.4
部品运输环节	53	6.59
部品安装环节	219.89	34.07
部品运维环节	0	0
部品拆除环节	315.78	39.27
部品回收环节	53	6.60
合计	1199.63	155.93

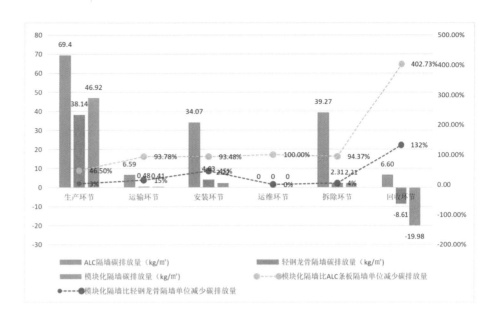

轻钢龙骨隔墙各环节碳排放量核算

各阶段	碳排放量（kg）	单位面积碳排放量（kg/m²）
部品生产环节	306.62	38.14
部品运输环节	3.87	0.48
部品安装环节	32.42	4.03
部品运维环节	0	0
部品拆除环节	18.58	2.31
部品回收环节	−69.22	−8.61
合计	292.27	36.35

（四）小结

通过构建隔墙系统全过程碳排放计算模型，经计算统计，模块化隔墙比 ALC 条板隔墙做法减少碳排放量高达 80%；比传统轻钢龙骨隔墙做法减少碳排放量 13%。可见，模块化隔墙在减少建筑装修碳排放方面具有非常显著的效果。因此，在低碳化指标上，模块化隔墙 ＞ 传统轻钢龙骨隔墙 ＞ ALC 条板隔墙。因此可以看出，装配式精装修交房采用模块化隔墙部品在节能减碳方面更具优势，也是实现建筑行业减排的重要途径。

三种隔墙产品的碳排放量计算

合计	隔墙种类碳排放量（kg/m²）				
	ALC 隔墙	轻钢龙骨隔墙	模块化隔墙	模块化隔墙比 ALC 条板隔墙减少碳排放的比例	模块化隔墙比轻钢龙骨隔墙减少碳排放的比例
	155.93	36.35	31.78	−80%	−13%

四 展望

研究证明，采用"低碳化"的装配式装修部品可有效降低建筑全生命周期"碳排放"。若全屋采用装配式装修技术，且考虑与建筑主体被动式技术的融合将具有非常显著的节能减排效果。

因此，为积极落实国家倡导的"建筑领域碳达峰、碳中和行动"，可通过打造"低碳化"的装配式装修技术体系，结合以下四个具体措施，逐步改善现有装修方式高污染、高能耗、多噪声、多浪费的问题。

（1）在部品使用方面，选择使用产品寿命更长、减碳能力更强的装配式装修部品，比如在隔墙系统中选用模块化隔墙产品。

（2）在供应链搭建方面，从节碳角度统筹搭建合理的产品供应链体系。

（3）在工程实施方面，大力采用装配式装修设计单位牵头的 EPC 总承包模式。

（4）在技术扩展方面，积极探索与其他节能技术体系融合。

高大空间冬季供暖系统的设计建议

文 / 曹诚

一 | 引言

大空间的热环境问题一直是设计师所关注的重点。在烟囱效应的作用下，特别是对于层高较高的大空间，传统的暖通设计方案很难满足人员活动区域内的使用要求。

本项目大堂原采用了全空气空调供暖系统，在改造初期通过经验预判，大堂可能会出现上部温度高、下部温度低的情况，且不能达到人员活动区的温度要求，故在后期改造装修时引入了地板辐射供暖系统，以保证冬季大堂的热舒适性。改造完成后，把大堂的地暖系统关闭后实际测试，确实与预判结果一致。但由于受到现有建筑地面垫层厚度及地下房间性质等条件的限制，无法采用更节能的低温热水地板辐射供暖方式，最终选用了电热膜地板辐射供暖的方式。在综合现场条件及保留原有空调系统不变的前提下，属于较合理的改造方案。

本文对该改造后的大堂进行了温度、室内风速等相关参数的测量，分析在原始设计条件下，导致冬季大空间内部人员活动区域温度较低的原因，以及通过后期改造达到的实际效果，分析其内部的温度分布特性，结合大堂自身的特点，对此类大堂的暖通设计给出合理建议。

二 | 实际测试

1. 研究对象

本文所研究的服务大厅的大堂长为 20.6m，宽为 11.6m，吊顶下净高为 9.9m，两侧为净高 4.25m

的办公区和休息区; 大堂向里为净高 7.5m 的电梯间，从建筑平面布置图中可以看到阴影范围内是本次研究的大堂空间，该空间的热环境和垂直温度分布直接影响大堂内人员的舒适度。

原有大堂以及电梯间采用全空气空调系统，送风方式为球形喷口侧送，两侧有两排共 18 个球形喷口。空气处理机组采用两台一次回风空调处理机组，设备主要参数表如下文表中所示。地面敷设了 145.8m² 的电地暖系统，空调各风口的设计送风速度为 5.42m/s。模拟建筑物的坐标轴位置以及建筑物三维透视图分别如下文银行大厅模型图所示。

2. 测试方案

本次测量所采用的仪器主要有：RC-4H 型温湿度自记仪（-40~85℃）、MODEL6006-2C 型手持式热线风速仪、SJL 型升降梯、TN16 型非接

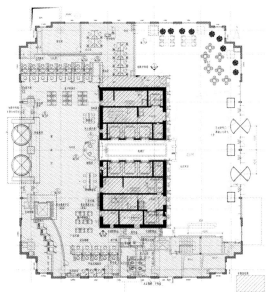

建筑平面布置图

改造后入口大堂立面效果图

F 测点为 12 号，G 测点为 13 号。在温度自记仪开始记录数据的同时，用红外测温仪测量地面、屋顶及各墙面温度值；用热线风速仪测量室内各点及旋转门处风速；并使用升降梯测量各风口实际温度和风速，从而计算平均温度等具体参数。

实验首先测试了仅开原空调系统情况下室内的温度分布。为保证测量结果的持续有效，测试

MODEL6006-2C 型手持式
热线风速仪

RC-4H 型温湿度自记仪

原空调系统设备主要参数表

冬季工况	送风量（m³/h）	加湿量（kg/h）	回风温度（℃）	出风温度（℃）	总热（kW）	水量（L/s）
	22000	36.7	16.1	25	123.9	3.18

触式红外测温仪（-30~300℃），AS330 红外测温仪（-32~330℃）。在测试前均对各仪器进行了对比较准。

本测试选取室内 7 个位置节点，测点位置如图所示，测点与编号关系分别为：A 测点为 1 号，B 测点由下向上为 2 至 4 号，C 测点由下向上为 5 至 7 号，D 测点由下向上为 8 至 10 号，E 测点为 11 号，

前业主方面提前先关闭了地暖系统，使地面充分降温，消除了地暖对室内温度的影响。上午 10:00 至 11:00 间测量了室内温度场；之后打开地暖系统，待地暖温度持续升高后，17:30 至 18:30 间测量了空调加地暖的室内温度场；期间，使用升降梯及热线风速仪对空调各风口的实际温度、风速进行了精确测量。

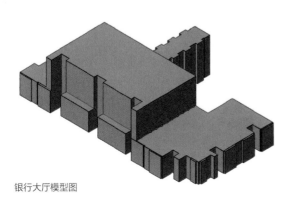

银行大厅模型图

* 注：图中，（1）表示此位置只测量了距地面高度 1.5m 处的温度值；（1，2，3）表示在此位置处分别测量了距地面高度为 1.5m 处、3.0m 处以及 4.5m 处温度值。

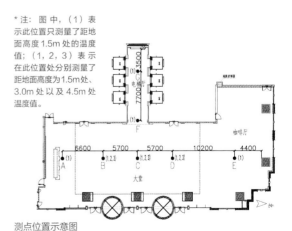

测点位置示意图

现场测量图

三 | 测试结果分析

通过测试得到的各风口实际风速,以及送风温度数据。将红外线测温仪测得电热地板辐射供暖的温度进行整理计算,针对敷设地暖地面各测点温度的误差在 +1℃范围内,故处理时取地面的平均温度值即 28.07℃。测量当天室外平均温度为 2.24℃,风速为 3.5m/s,该建筑中庭采用旋转门,且由于测量当天为周末故进出人数较少,测得室内及门口风速为 0.01~0.02m/s,可忽略不计。

行充分循环,室内气流组织更加合理。

由单独空调系统运行与空调和地板辐射供暖同时运行时的两种状态下,中庭内部各点实测温度值可以看出,仅空调系统运行时室内温度较低。当开启地暖后,总体温度有了很大提升。由离地面 1.5m 处的温度分布图可以看出,加地暖后,除敷设地暖的区域附近温度较高外,整个区域温度分布均匀,工作区平均温度为 18~19℃ 之间,最低为 18.04℃,满足人员活动区域温度要求,达到了设计要求。而当仅开启空调系统时,人员活动区域温度在 12~14.5℃ 之间,最高仅为 14.51℃,难以满足

各风口实际测量温度数据表

| 北风口温度(℃) | 26.00 | 28.00 | 28.60 | 28.60 | 28.40 | 28.60 | 29.00 | 28.40 | 28.60 |
| 南风口温度(℃) | 27.50 | 27.60 | 27.60 | 27.80 | 28.00 | 28.00 | 28.00 | 28.20 | 28.40 |

各风口实际测量风速数据表

| 北风口风速(m/s) | 4.40 | 4.80 | 6.60 | 4.50 | 4.10 | 4.30 | 5.01 | 4.65 | 4.40 |
| 南风口风速(m/s) | 6.50 | 5.50 | 6.20 | 6.00 | 7.00 | 6.60 | 7.70 | 7.50 | 7.70 |

由表中数据可知,北部风口的送风温度比南部风口的送风温度高,这是由于在流体输配过程中存在一定的能量损失,而北部风口离空调机组最近,南部风口相对位置较远。对于送风速度而言,北部风口风速普遍低于南部风口,主要是由于回风口位于北部风口背部。为杜绝气流短路保持室内气流组织良好,物业在使用时人为地加大了南部风口的风速,减小了北部风口的风速,从而使得室内空气进

人员的舒适性要求。

对比这两种工况测试结果可知:同时使用地板辐射供暖和空调供暖后,地面附近的温度普遍比冬季单纯采用空调供暖温度要提高很多,并且也有效减小了竖直方向上的温差。密度差引起的竖直温度梯度致使下部温度较低的情况得以改善。增加地板辐射供暖后提高了地面附近的温度,距离地面 1.5m 高度处人员活动区域温度基本在 18℃ 左右。在地板辐射供暖和

空调系统单独运行时温度记录表

序号	编号	采集开始时间	采集结束时间	采集间隔（s）	温度（℃）
A	1	10:00	11:00	120	12.85
B	1	10:00	11:00	120	11.82
	2	10:00	11:00	120	18.51
	3	10:00	11:00	120	21.86
C	1	10:00	11:00	120	11.97
	2	10:00	11:00	120	17.38
	3	10:00	11:00	120	21.40
D	1	10:00	11:00	120	13.01
	2	10:00	11:00	120	18.27
	3	10:00	11:00	120	22.40
E	1	10:00	11:00	120	13.57
F	1	10:00	11:00	120	13.17
G	1	10:00	11:00	120	14.51

注：表中所列温度数据为所有温度数据的平均值；编号1、2、3分别表示距地面高度为1.5m、3.0m以及4.5m。

空调系统和地板辐射供暖系统同时运行时温度记录表

序号	编号	采集开始时间	采集结束时间	采集间隔（s）	温度（℃）
A	1	17:30	18:30	120	18.57
B	1	17:30	18:30	120	18.04
	2	17:30	18:30	120	24.55
	3	17:30	18:30	120	25.80
C	1	17:30	18:30	120	18.39
	2	17:30	18:30	120	22.72
	3	17:30	18:30	120	25.15
D	1	17:30	18:30	120	18.61
	2	17:30	18:30	120	23.99
	3	17:30	18:30	120	26.04
E	1	17:30	18:30	120	18.35
F	1	17:30	18:30	120	19.20
G	1	17:30	18:30	120	19.31

注：表中所列温度数据为所有温度数据的平均值；编号1、2、3分别表示距地面高度为1.5m、3.0m以及4.5m。

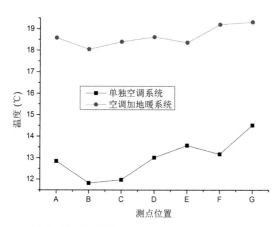

离地面1.5m处温度变化图

空调供暖共同工作时，能够达到设计要求，可见后期的改造对于该大堂温度确实起到了积极的作用。

四 | 模型分析

在今后的项目中，鉴于时间、成本、人员等条件限制，不可能针对每一种工况进行实地测试分析，因此根据本建筑设计图纸及测量得到的数据，建立模型进行数值模拟分析。首先以单一地暖测试数据为例，验证模型的准确性。模拟过程中为方便计算对该模型进行适当简化，应用 ICEM 软件，划分了以六面体为核心、周围为四面体的网格系统，并在送风口、出风口等位置进行了局部加密。最终，共划分6101324个网格单元。

在进行数值模拟前，根据实测数据与该建筑原有参数进行边界条件设置，各墙面根据实测温度设为恒壁温边界条件，地板辐射供暖设为实测温度32.8℃。最终 X 方向与 Y 方向上的温度分布如图所示，测点数据与模拟数据如表所示。从中可以看出，根据实测点位置在模拟结果中读取实测各点的温度值，与实际测量结果的偏差在10%以内，该数值模拟分析具有较高的准确性。

五 | 结论与建议

本文以实际工程为研究对象，分别测量了仅采用空调供暖和空调系统与地板辐射供暖系统共同工作时大堂内的温度分布、空调系统实际运行时各风口温度、风速以及地板温度。通过对所测数据进行对比分析，并建立模型进行模拟分析，得出结论如下：

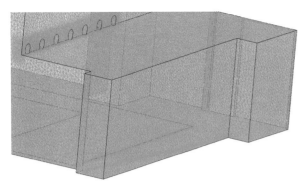

模型局部网格

测点数据与模拟数值对比

序号	测点编号	实测数据（℃）	模拟数据（℃）	偏差（%）
A	1	18.57	18.81	1.29
B	1	18.04	18.69	3.60
	2	24.55	24.98	1.75
	3	25.80	25.73	−0.27
C	1	18.39	18.10	1.57
	2	22.72	21.35	−6.02
	3	25.15	25.45	1.19
D	1	18.61	19.24	3.38
	2	23.99	24.67	2.83
	3	26.04	26.85	3.07
E	1	18.35	18.03	1.74
F	1	19.20	19.12	0.42
G	1	19.31	19.84	2.74

注：表中所列温度数据为所有温度数据的平均值；编号1、2、3分别表示距地面高度为1.5m、3.0m以及4.5m。

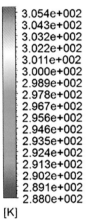

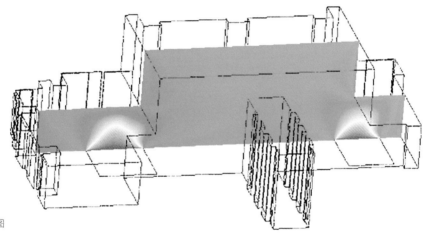

X=0m 处截面温度分布图

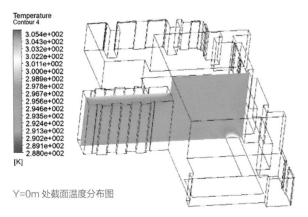

Y=0m 处截面温度分布图

（1）实测表明：该建筑大堂冬季只采用空调送风供暖时，在竖直方向上具有较为明显的温度梯度，下部人员活动区域温度较低，最高仅达到14.51℃，无法满足人员活动区域冬季供暖要求。

（2）当把大堂冬季的供暖方式改为空调＋地暖后，温度有较大幅度的提升，最低温度可达到18.04℃，人员活动区域均可达到设计要求。

（3）在类似建筑中可以事先运用CFD模拟软件，结合实际的设计参数进行分析验证前期的设计方案是否可行，从而在设计阶段即对建筑内的室内空间温度场进行有效掌控，降低了日后使用时达不到设计要求而改造的风险。

装配式医院建筑
——医疗功能单元模块

文 / 刘强

一 概述

装配式装修并非一种新的装修类型，而是装修建造方式的深度变革。装配式装修是将内装与结构分离形成可工厂生产的部品部件，可以分为装配式装修结构、装配式装修界面、装配式集成设备。我们研发的是装配式装修界面。

医院一般可分为门诊、住院、医技三大功能区及其他附属功能区，其中门诊、住院这两大功能区通常在医院的面积占比最大（一般占60%）且重复率也最高。因此，门诊与住院功能区最适合进行装配式建造与装修。理想的模式是在工厂按照图纸及功能要求完成所有部品、部件的标准化生产，现场组装后形成的统一的单元模块，再将若干个单元模块组合成标准的装配式医院。

二 策略

医疗建筑的本质功能是医疗救治，研发工作把医疗功能进行分解，细化到具体房间的功能，也就是三级流程功能房间，如普通病房、标准诊室，然后把一个功能房间作为一个基本医疗功能单元模块进行考虑，通过对房间内的医疗功能模块搭建实现模块化建设。

我们的目标是所研发的医疗功能单元模块未来可适用于不同类型的医疗建筑空间。

医疗功能单元模块系统由若干界面模块组成，包括结构支撑—墙界面模块、顶界面模块、地界面模块等。

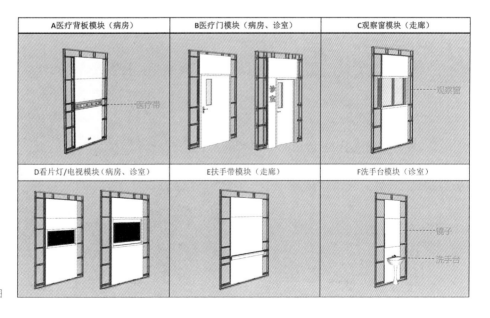

结构支撑—墙界面示意图

1. 结构支撑—墙界面模块

结构支撑—墙界面模块研发产品包括：医疗背板模块、医疗门模块、观察窗模块、看片灯/电视模块、扶手带模块、洗手台模块。

2. 顶界面模块

顶界面模块研发产品包括：通用吊顶模块、填补吊顶模块、吊顶灯具模块、吊顶设备模块。

3. 地界面模块

地界面模块主要是通用地面单元的研发。

通过结构支撑—墙界面模块、顶界面模块、地界面模块等模块的组合形成基本的医疗功能单元，实现医院的装配式建造。近些年，医疗建筑由于医疗技术的更新，医疗行为的变化，布局会随之改变，导致医疗空间满足不了医疗行为，因此医院运营过程中实现医疗功能的快速更换也是装配式医疗功能

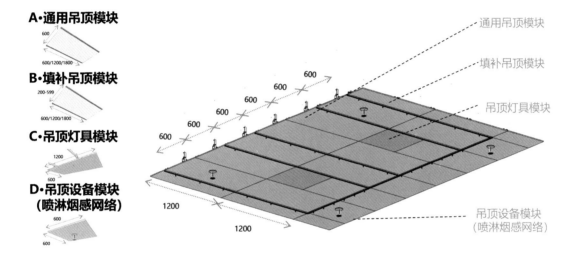

A·通用吊顶模块
600
600/1200/1800

B·填补吊顶模块
200-599
600/1200/1800

C·吊顶灯具模块
1200
600

D·吊顶设备模块
（喷淋烟感网络）
600
600

通用吊顶模块

填补吊顶模块

吊顶灯具模块

吊顶设备模块
（喷淋烟感网络）

顶界面模块示意图

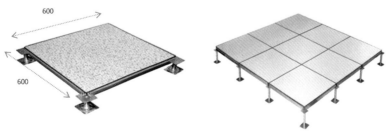

地界面模块——通用地面单元示意图

地界面模块分析图

支撑系统			地面系统		
	图片	节点图		图片	节点图
组件1 发泡水泥填充			组件1 PVC整体卷材		
组件2			组件2 地板地砖		

单元模块研发的目标之一。

装配式医疗功能单元模块由于采用工厂化生产,轻质结构支撑,具有易于拆装维修,可重复使用的特点,可使医院在整体使用周期中成本大大降低。比如不拆吊顶,变化布局的情况下,单人间病房可快速升级为双人间病房。

在医院运营过程中,房间功能变化是常见问题,房间功能调整后,传统墙面安装的医疗设备无法移动,或设备移动后对医院正常运行造成较大影响。装配式医疗功能单元模块设计形成一套统一标准,模数一致,可以进行功能替换,方便运营后期的房间功能调整,使房间功能具有可调性。

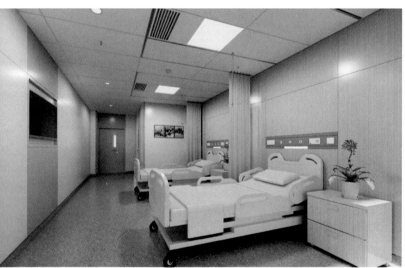
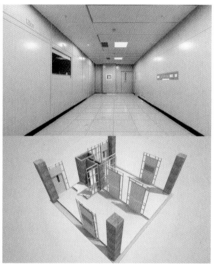

装配式病房分解图

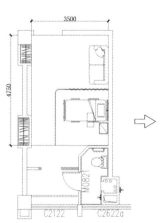
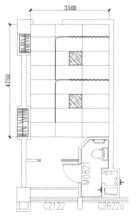
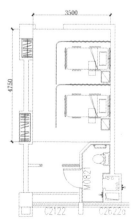

单人间病房顶棚布局图　　　单人间病房平面布局图　　　两人间病房顶棚布局图　　　两人间病房平面布局图

方法

第一节

一体化

作为设计院体系下最为基础的设计开
展形式，可以分为"过程一体化"与
"结果一体化"两种展现形式。过程
一体化是建筑体系下各专业联动工作
与协同组织的形式，通过建筑专业的
统筹对各专业例如结构、机电、室内、
景观、照明等进行合理化分工与组织
安排。各专业可以在同一层面不同设
计阶段协同工作，达到对项目设计全
过程的整体把控，提高工作效率，实
现集中设计管理的目的。结果一体化
是从建筑整体设计出发，当建筑师提
出某种设计理念和原则，在其统筹下
各专业设计人员都应该延续这种理念
和原则并进行深化设计，不能背离。
最终达到良好贯彻项目整体设计，形
成一件完整的设计作品。

昆山市民文化广场

文 / 韩文文　摄影 / 夏至

昆山，是毗邻苏州的一座小城，虽不及苏州人文色彩浓郁，却自带闲适与浪漫。我们的项目是一个商业综合体，其中除普通的商业业态外，还有一个含6个影厅的影院以及一个1000座的黑匣子剧场。对于这样一个在城市新区核心位置的商业综合体来说，我们希望带给市民的不仅仅是商业功能的配套，而是与他们的生活发生更多关联的有趣的体验。

因为昆山是水乡，"水"是乡愁也是独属于这个小城的浪漫，于是我们选择"水"作为主题建立与城市的对话系统。我们将在这个主题之下与城市对话、与戏剧对话、与电影对话，与商业对话。

与城市——悬浮水底之下

我们将建筑顶部的巨大屋盖定义为水面，将一切与这个建筑有关的人、物、活动都在这里进行"二次反射"，宛如水底，虽然安静、朦胧，却充满生机，意趣盎然。倒置、水下、朦胧，成了设计的关键词。在实现反射的同时还希望可以有阳光从"水面"透射下来，于是我们对开孔与镜面的排布进行参数化的模拟，形成了以渐变的穿孔镜面板与波纹镜面不锈钢组成的"巨大漂浮水底"。

在技术层面的实施路径主要有两部分：

1. 定义材料。设计意图是模糊反射，可如果单纯地采用模糊反射材质便会显得变化不够细腻、层次不够丰富，于是采用多种材料组合以达到模糊反射效果。为了增加变化层次，将光的元素融入进来，部分是自然光线，部分是LED光线，还出现了几种形式的材料：镜面不锈钢、不同穿孔率的不锈钢板、背后带LED灯的穿孔不锈钢板。

2. 分布规律。首先，我们希望在靠近人们活动的区域反射效果更加明显，因为这样就可以更好地表现水底的朦胧感与趣味性。其次，我们在活动区域加入不同穿孔率的不锈钢板，使阳光透过，令界面变得更加丰富。最后，我们在活动区域加入背后带LED灯的穿孔不锈钢板，这样会在夜间产生更加绚丽的效果。

剧院前厅是一个3层通高的空间，剧院外表面与模糊反射的顶面之间有月牙形的天窗隔开，整个外表面在顶面上形成绚丽的倒影。由于顶面本身层次就已经够丰富，因此如果剧院表皮过于复杂多变，最终效果的破碎感会过于强烈，因此将剧院表皮抽象为层层帘幕并用不同红色的金属管来表达"优雅

穿孔不锈钢样板

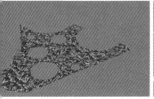

剧院前厅及前厅走廊

而琳琅"的设计初衷。这个环节的参数化过程如下：

1. 定义金属管颜色及质感：金属管的颜色应丰富而具有质感，因此会有不同深浅与质感的红色管子出现。

2. 定义金属管的尺度：金属管的形态应多样，因此会有不同管径的金属管出现。

3. 定义金属管的位置：金属管应遵循某种秩序进行排列，对这种规律进行定义，使其可以既有反射效果又不显凌乱。

与戏剧——古老戏剧的当代演绎

原本这里被定义为黑匣子剧场，建筑设计就相对简单，后来这里变为当代昆曲院，但"黑匣子"的空间格局已经形成，因此从华丽而宏大的前厅内走入观众厅内时会有一点奇怪——为什么是黑乎乎的一片？我们将这个空间赋予了双重表情，表面一层黑色铝拉网，背后为昆曲典型人物图案，底色采用与前厅延续的红色，所以走进来猛地一看黑乎乎无差别，但当墙面亮起的红光衬托着瓦状的黑色半透材质，昆曲古老而现代的气质显现出来，也使进入观众厅的人们渐渐沉静下来。

顶面也采用了透声的拉网，因此当蓝白场灯亮起时，从顶面金属网渗透出来的蓝光仿佛是这个封闭空间与未知空间的一种联系，甚至使空间具有了某种精神性，彻底让这个空间有趣起来。

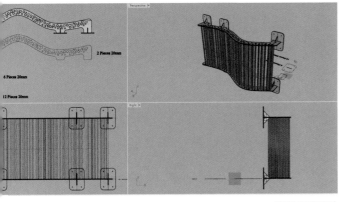

剧院外表面设计

外表面金属管样板

与电影——光影故事

影院走廊是从三层通高的影院前厅进入放映厅的过渡空间，一方面完成人们对光线暗适应的过程，另一方面要有足够的吸引力与识别性。整个建筑的主题是朦胧、梦幻，影院部分更是如此。我们试图创造一种效果，使人走在这个走廊时能够产生奇妙的视觉效果。根据现有空间条件，我们选择了较为平面的处理手法，试图用一种经过定义的图案达到效果。因走廊整体非常幽暗，我们选择了印刷玻璃背衬灯光的方案，这样使图案本身处于剪影状态，大面积的暗环境下有趣的灯光变化就形成了。

空间采用的图案母题为三角形，与顶面穿孔板板空形状一致。走廊中人眼视线范围内图案尽量密实，避免出现直射光。在靠近顶棚与地面的位置因距离人的视线较远，且顶面有反射介质存在，会出现光线的变化，图案本身渐变得相对稀疏。

与商业——让空间更有趣

这个项目商业面积只有两层，并且只有首层商业有公共区域，我们希望能吸引更多城市中的人们进入其中。于是我们将公共区域的墙面做了各种镜面的组合，有通高渐变的镜面效果，也有蚀刻花纹如水雾升起般的镜面，使人们无论从哪个角度走过，

都会有和建筑空间的互动，如同某种空间装置，与琳琅满目的店面，共同构成了连续的吸引界面。

结语

当一层层界面建立起来之后，这个巨大的建筑从外到内有了不同的表情。对于城市中的商业综合体来说，我们更希望通过身处其中独特有趣的体验性成为市民愿意一次次来到这里的理由。这个项目从内到外，在崔愷院士的领衔之下从建筑、室内、标识等诸多方面协同设计，包括法方的艺术设计阿兰伯尼先生。建成之后，这里成为昆山市的新地标。这座建筑成为城市生活的一部分，成为"巨大悬浮水底"下的生机勃勃。

剧院内

昆山市民文化广场商业部分

康巴艺术中心 A 区演艺中心

文 / 魏黎　摄影 / 张广源、关飞

康巴艺术中心属玉树藏族自治州（简称玉树州）灾后重建十大标志性工程之一，由崔愷院士主持设计。A 区演艺中心为其核心建筑，建筑面积 8539.74m²，地上 6 层，地下 1 层，建筑高度为 31.2m。功能分为共享大厅、中型剧场、小型剧场、演出用房、辅助用房等。

2010 年 4 月 17 日，青海省玉树州发生 7.1 级地震，震中为玉树州政府所在地——结古镇。当地建筑损毁严重，将近 90% 的房屋倒塌，人员伤亡严重。玉树州位于青海省南部青藏高原腹地的三江源头，古为西羌之地，平均海拔在 4200m 以上，属典型的高原高寒气候。全年只有冷、暖两季，冷季长达 7～8 个月，全年平均气温只有 -0.8℃。这样的气候条件意味着全年有效的施工时间仅有四五个月，使得紧迫的灾后重建工作面临更严峻的要求。

玉树州居民以藏族为主，绝大部分是康巴人，在时间长河中，形成了独特的地域文化。大规模的地震将城市瞬间夷为平地，城市长时间的建设积累形成的地方特色、居民文化生活都遭到了严重的破坏。灾后重建又是一项庞杂而富有挑战的系统工程，我们如何在短时间的快速建设中仍然保留原本的城市记忆、生活节奏及文脉秩序，是本文讨论的重点。

项目建设过程中，室内设计师与建筑设计师共同深入研读当地文化，使建筑设计的思路及构成特征能够在室内得以延续。内外一体化设计也为节省建造时间、减少重复建造创造了条件。

一　地域文化与地纹记忆研究

地域文化在室内设计中的表达，突出地表现于空间处理与装饰手法两个方面。

康巴艺术中心

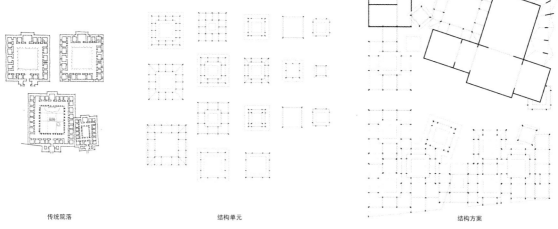

传统院落   结构单元   结构方案

方正的建筑语言

1. 建筑形态

一个地区的主要建筑形态,绝大部分体现在当地传统民居及宗教建筑的形态上。

康巴人的住房一般为2~3层的楼房,平面呈方形;不少人家倚山建房,在村寨的群落建筑中,大多傍山而建,幢幢建筑鳞次栉比,高低错落,层次感十分强烈。一幢建筑内的房间大小、结构布局安排得十分合理,多数带有一个大庭院,院门高大、结实。因当地半农半牧而存在固定和移动建筑并存的态势。在牧区,牧民为适应"逐水草而居"的特殊生产、生活方式,其居住建筑采用了可随时搭建和拆卸的活动帐篷建筑。夏天用白布或帆布制成帐房,而牦牛毛织成的毡则适合在冬季挡风御寒。在新建筑的设计中,建筑师将当地建筑的特点及装饰元素进行了归纳提取。

康巴艺术中心总体采用方正的建筑语言,而剧院应该体现的是热情的藏族歌舞,所以在室内公共区的设计上力图表达的是藏族歌舞衣袖飘舞的流动感,经幡、色彩、舞蹈成为室内公共区设计的主要参考元素。

2. 生活行为

玉树州素有歌舞之乡的美称,驰名中外的玉树藏族歌舞,其风格粗犷豪放、动律优美、含蓄隽永,是当地人民生活中不可缺少的分享和娱乐方式。从当地人民独特的生活方式、生产物资中,提取必要的元素,为室内设计定下主题。

3. 宗教信仰

康巴地区有着独特的宗教文化和民族传统。康巴人对宗教的信仰、对现世的态度、对来世的追求,与汉族非常不同。康巴地区的建筑在建造方式、空间形态、材料色彩以及对光的控制等方面都有着浓郁的地方特色,吸引着世界各地的游客不畏高原,前往探访。本设计注重从康巴地区建筑文化中汲取营养,力图从精神上还原本土建筑对信仰、对色彩、对自然的尊重,而不仅仅是典型藏式符号的点缀与重复。

4. 环境特征

玉树州是长江、黄河、澜沧江的发源地,境内河网密布,水资源丰富,素有"江河之源、名山之宗、牦牛之地、歌舞之乡""唐蕃古道"和"中华水塔"的美誉。玉树州既是一个生态十分脆弱的地区,又是一个生态地位极其重要的地区。在建筑设计中应着重体现水源这一对高原生态、居民生活至关重要的元素。

二 | 设计成果

"无边的草原上,同一大帐下,各族人民共欢歌"这句话准确地描述了我们对于康巴艺术中心的设计意图。

大剧场

门厅

1. 色彩设计

色彩和歌舞是康巴艺术中心的主题，建筑主体外墙装饰材料采用不同模数的混凝土空心砌块砖通过钢筋拉结自由叠砌，表现出与传统石材垒砌墙面在构造方面的契合。通过涂抹白色、红色等当地常见的外墙涂料，产生与藏式建筑传统外墙材料相协调的质感。这些丰富的色彩元素不仅表现在建筑外窗户的色调上，也体现在室内设计的元素上。在大剧场的设计中，室内设计师力图将彩色经幡与藏族舞蹈的流动彩带作为贯穿所有空间的线索，体现康巴舞蹈流动欢快的特征，并强调空间的延续性。五彩的经幡在蓝天中起舞，编织成彩色大帐，彩条延入舞台化为幕布，弱化的台口让表演者和观众融在一起。局部色彩跳跃的座椅，模拟大草原上的骏马、牛羊和夜晚的点点篝火，隐藏于夜晚的布幔里。深色的橡胶地面及咖啡色的座椅，使局部彩色座椅颜色更为鲜明。

藏区高原空气清澈透亮，能见度高，视野开阔。在这样的环境中，藏式建筑明亮的色彩具有很高的识别度。藏式建筑的色彩来源于自然，鲜明且质地丰富，是康巴艺术中心的主题。康巴人善用色彩且取之有道，白色的高墙由天然石灰从上至下倾倒而成；红色的部分用当地的编麻草打捆再浸泡矿物染料而成；绿色取自无边的草原；黄色取自土地；蓝色取自天空。

康巴艺术中心在进行内外立面色彩设计的时候，充分考虑了当地人对建筑色彩的审美。这几种意向的堆叠，自然而然地形成了高原藏区的整体形象，富有亲和力且易于得到当地的认同。当地，无论是三色哈达或五彩的经幡，还是少女的衣饰或帐篷垂檐，无不充斥着这样的色彩意向。这些色彩是当地人对自然的尊重和崇拜。

室内设计也将这几种色彩从室外引入室内，色

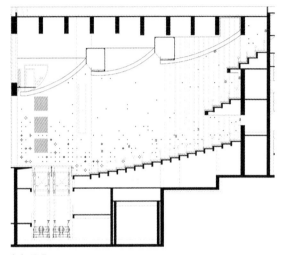

气氛照明

彩从侧厅折板屋顶蔓延至剧场观众厅垂板，由幕布倾泻到观众席。色彩的蔓延也时刻提醒着我们所在的区位，完成了从进入到欣赏再到离开的完整路径。

2. 声环境与光环境

灯光设计与声学设计作为剧场室内设计中的重要一环，担负着烘托舞台气氛，满足演出大型歌舞剧、音乐会和综合文艺节目等要求的重大责任。剧场要考虑到能兼顾不同演出的使用要求，还需满足电视转播和电视节目制作的要求。

舞台侧墙使用了点状光纤灯进行气氛光的渲染，配合剧场内的色彩表现，着重表达草原上团团篝火、天空点点星光的美满意象。多个可控回路分别模拟了草原上支起帐篷，人们围绕篝火翩翩起舞；夜空灿烂的星光，人们躺在草地上欣赏舞蹈；牧场里骄阳似火，太阳雨从天而降等种种生活景象。

这样的灯光设计要求侧墙尽量平缓。经过声学计算，室内设计需在侧墙后部采用三种不同曲率的弧

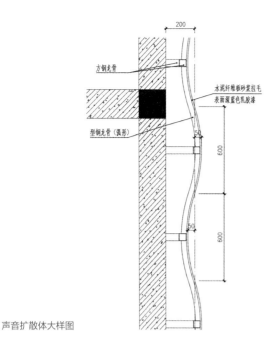

声音扩散体大样图

形墙面制作声音扩散体，这样的扩散体设置方式可以尽量减少新置入的形体，只在墙面使用水泥砂浆／石膏拉毛制作墙面肌理，即可使声音反射更为均匀、柔和。这样的声学设计同时对空间的吸声提出了更高的要求，但有利于整套设计尽量减少建造的原则。镂空的顶面、墙面不规则的穿孔以及紧凑的座椅布置都为吸声材料的运用提供了更多便利条件。

三 | 一体化建造

灾后重建建筑可以使用的经费通常是非常有限的，需要设计师从尽可能多的方面，在保证建筑质量和品质的前提下节省造价。

白色的墙体使藏式建筑极具形体美感。墙体多为天然石材垒砌而成，白色涂料可显现出其丰富的肌理。康巴艺术中心外墙使用空心砌块砖作为外墙材料，易于获得且施工人员也较为熟悉。砌块的砌筑在建构逻辑上又与当地石材垒砌建筑的建造逻辑相同。室内设计将这些砌筑墙体引入室内公共区，内墙直接使用外部砌筑形式作为装饰界面，使建筑在土建完成后尽量少地进行二次装修，又可以将室内公共区室外化，使得内外空间得以延续。

侧厅中裸露吊顶的设计也体现了一体化建造的精准，建筑设计师、结构设计师与室内设计师在设计之初进行了共同工作和探讨，研究裸露吊顶的可能性。大家花了相当多的精力来处理每一根梁的位置，以保证良好的空间效果，室内设计师尽可能详细地提供顶面每一个点位的位置及走线情况，以达到空间干净、整洁的效果，使得公共空间可以仅使用彩色涂料涂刷即可完成优秀的设计效果，既节省了顶面二次装饰的时间，也节省了造价。

四 | 结语

康巴艺术中心的设计体现了对本土文化、地纹特征、地域特色以及当地人民生活方式的尊重。那一片辽阔的净土，那一种迷人的文化，那一条以钢铁意志铸就的天路，总是让我们肃然起敬。我们本着对地域的尊重、对文化的探索、对重建的信心，深入挖掘地域的记忆，并将其与新的设计语言及设计方法相结合，使这座建筑成为地域文化和现代技术完美结合的优秀案例。让空间本身回归自然，为当地人民的文化生活提供美好的场所。

裸露的顶面

遂宁宋瓷文化中心

文 / 江鹏、邓雪映

遂宁宋瓷文化中心是遂宁市文化地标性建筑，由城乡规划展览馆，科技馆，博物馆，图书馆、文化中心、档案馆及青少年宫组成，总建筑面积 7.7 万 m²，位于河东新区的涪江江畔，与依江堤而建的城市湿地公园、百米绿化带共同构成了场地朝向自然风景的城市界面。建筑形态以荷叶为设计理念，外形宛如"相聚"在一起的六片荷叶，是一座对市民开放的大型城市公园文化综合体。整个文化中心没有采用常见的路网分明的街区式场所营造，而是采取了公园化、景观化的设计模式，使得建筑呈现绿色、开放、灵动的姿态。建筑中的公共空间与室外连通，尽可能地向市民开放，

作为地面游园和屋顶望江的联系，形成连续的体验流线。室内在不同空间全方位地展现地域文化特色，依据建筑体态及逻辑关系，内外延续，塑造多层级的空间表情，达到与建筑、环境、文化的协调。

一 ｜ 自然意向 · 生机流转

"将景色真正渗入室内，让市民徜徉于满目青翠"，这是设计之初崔愷院士提出的设计理念。秉

鸟瞰全景图

承我院的一体化设计优势，建筑、结构、室内、景观各个专业，在不同的建筑单体内部及周围结合功能进行类似造园般的营造。这一理念首先在图书馆空间得到了充分展现，图书馆安静的阅读空间外即是静谧的竹林。

在科技馆镜面万花筒下，人们可以感受到浩瀚宇宙般的苍茫；在博物馆大厅里，古朴神秘的屏风后隐约闪动着片片水光。如果以一个市民的角度来审视这个建筑组群，会认为无疑是给这座灵秀的小城市增加了一个新鲜而适合探索的好地方。

文化中心和青少年宫位于建筑西侧同一体块空间内，承担的功能丰富，如排演厅、各类教室、互动传习区、办公区、活动室、报告厅、运动健身区及配套用房等，城市范围内使用率高，人流大，青少年偏多，因此空间的表达追求自然清新、焕发生机之感，同时细节之处流露文脉底蕴。

荷花是遂宁市市花，而荷叶的生长寓意着圆满与生生不息，恰可与功能相承合。文化中心主厅的设计理念从荷花中提取叶片的经脉形态及颜色，将此转化为空间语言，希望营造出"游于莲叶间，青荷借风散"的明快节奏，让进入空间的人在第一视觉上即可感受到自然的气息。

图书馆的阅读空间

青少年儿童阅览区

青少年宫入口

节点空间

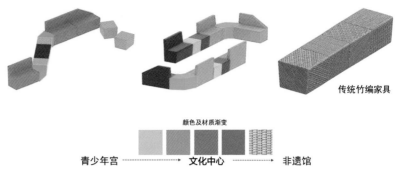

传统竹编家具

颜色及材质渐变

青少年宫 ----------- 文化中心 ----------- 非遗馆

色彩及材质渐变分析

文化中心主厅和交通空间在风格上一脉相承,屋顶及设备采用绿色喷涂,搭配金色格栅,突出展现荷叶的意象。地面使用深色与浅色地胶搭配,亦呼应荷叶形态。立面的处理上,玻璃幕墙与白色金属铝板界面虚实相间,令整个空间舒适而充满呼吸感。

方案在颜色的设计上也别具匠心,青少年宫、文化中心、非遗馆三类空间的主调颜色从嫩荷绿到深竹绿,再到竹褐色,逐渐从青春灵动过渡到沉稳雅致,辅以灰色作为调和,不仅使场域具有连贯性,而且极为巧妙地在同一空间表达了生机与文蕴两种气质。软装家具的颜色也根据主色调配比,进行了模块化设计,让设计做到在同一原则下匹配多种组合形式,同样是灵动性的体现。

为突出遂宁地域文化,方案在公共区域还加入了非物质文化遗产元素。胡式剪纸在当地具有标志性,它突破了传统的剪纸样式,融入现代艺术形式,可以惟妙惟肖地展现遂宁的本土文化。设计中,恰可将其与公共区域的玻璃印花膜相结合,作为节点空间的视觉背景,同时搭配另一种传统手艺——石洞竹编,后有剪纸掩映,前有竹编座椅,地域氛围感十足。

二 | 历史厚度 · 纪存赓续

以宋瓷为代表的宋文化,古朴深沉、素雅简洁、含蓄隽永。作为一个以宋瓷为特色的博物馆,遂宁宋瓷博物馆的室内空间一方面要结合遂宁当地的地域文化特色,另一方面延续了建筑的设计理念,力求体现出宋文化所提倡的简洁素雅之美,体现民族

精神。在首层公共空间的平面布局上我们根据使用功能作了一定的调整,首先,我们把服务台转角处的墙面取消,使得参观者进入大厅后视线不受阻隔,在视觉上延展了整个大厅空间的宽度。其次,我们在首层扶梯和直梯之间的空间增设了道闸系统,参观者可网上预约后刷手机二维码或身份证进入,便于人流量的控制与管理。再次,在首层的青少年宫内增设了多媒体播放设备,可作为参观前的影音播放室。作为博物馆主要公共空间的首层大厅,其装饰风格应该体现出博物馆特有的沉稳、厚重及一定的历史传承。如果把博物馆的各个展厅看作是一间间藏宝阁,那么大厅就是人们进入藏宝阁之前的一个庭院,它的作用是让参观者通过在此的短暂停留达到由室外空间到展厅空间的一个心理过渡。

因此,我们把正对入口的一排圆柱改造成一排面向中庭采光天井打开的门扇,使得采光天井变成了一个内庭院。庭院中正对入口的墙面我们设置了一组表现制瓷工艺历史传承的瓷板浮雕,配合庭院中的浅水池及盆栽植物,作为整个室内空间的主题及视觉中心。大厅整体照度不是很高,介于展厅和室外之间,同时在陈设品处设置部分重点照明。

遂宁历史悠久。因此在做文化中心 B 区的档案馆和地方志馆的方案时,要思考如何通过设计手法,传递出历史的厚度,并兼具赓续传承的使命。档案馆体量方正,空间界面的处理虚实有度。实处由建筑外墙界面延续进室内,部分墙体成为展陈内容墙面。主入口正对的背景墙,使用预制混凝土,材质上与墙体呼应,通过镂空处理的手法,将其虚化,避免遮挡大厅视线,保留空间尺度感。虚实的结合,不仅让整个空间表达出历史的厚度,也传递了古朴的节韵。

博物馆门厅

门厅内庭院

三 | 智慧创新

科技馆建筑面积 9000m², 其中展览教育区域大致 5800m², 其余为各类公共服务用房、业务研究用房和保障管理用房。

建筑师在项目初期就希望科技馆能有别于传统的科技馆设计, 力求打造一个可以将科技馆的功能和建筑实体完全融合的存在, 沉浸式体验型公共空间, 强调科普面向市民, 让建筑本身兼具教学意义。由此科技馆的建筑外形、室内空间及灯光设计借鉴了部分科幻电影的视觉特点。我们将人们内心对宇宙的认知融入设计之中, 让游客在踏入各主题馆之前便能从建筑外观及公共空间获得这一体验, 整个观展过程随时通过室内空间感受宇宙的浩瀚及人类科技文明的伟大力量。

档案馆门厅

科技馆由一个 4 层通高的大中庭和 4 层展厅单侧叠加而成, 由盘旋而上的扶梯相连接, 通高的大中庭与扶梯本身就是展示的一部分, 在保证基础功能所需特定空间的前提下, 建筑门厅形成了良好的共享过渡空间。空间的流动性、向上升腾的态势随着观众的脚步不断行进而变化, 强化了空间的层次感和时空感。超大尺度的深灰色金属墙面为现代科技塑造光影变化提供了最大的可能性。沿玻璃幕墙盘旋而上的观众步道既是交通流线亦是展厅的一部分, 与大尺度钢结构斜柱, 扶梯等共同创造出诸多丰富的小空间, 它们彼此穿插渗透, 使观众可以在其中任意一处感受室内的科技与艺术的氛围。发光的楼梯底部从室外看去, 犹如宇宙中的银河一般飘逸浪漫。

与入口处正对的是建筑师预留的一个超尺度的大拱, 使中庭与文化中心内院形成视觉穿越, 阳光

科技馆外景

科技馆首层平面图　　　　　科技馆效果

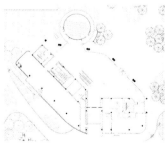

科技馆门厅

万花筒细节

万花筒室外效果

规划馆门厅效果

穿过超尺度圆拱时会在地面形成特殊的光影效果。大拱给室内设计师提供了很好的设计载体，设计师顺势通过渐变的三角形镜面材料设计了一个巨型城市"万花筒"，配合先进的声光电设备，能充分展现身临其境的科幻场景。"万花筒"的设计彰显艺术气质，形成城市的独特标志，直接为人们营造身临其境的体验，又似一个巨大的太空望远镜，吸引大家了解太空，探索未来。

在城乡规划展览馆的设计中，生态绿和科技蓝交织组成遂宁未来的主色调。设计取色上，融合了遂宁山水墨色，而形态构成上，则更具智慧创新感。展陈空间使用柱面与顶面 LED 屏幕，搭配背漆玻璃等高反射材质，共同组成了区域化立体式的展示氛围，宛如一树树"绿色城市支柱"，撑起了一片城市发展的森林。设计集合实体沙盘展示，搭配 LED 屏幕，该区域成为可拆换导视体系的"城市支柱"。玻璃及 LED 屏幕作为单元模块，勾勒出遂宁地区的界线悬挂于顶面。遂宁的未来，在生态底色上，是持续的智慧创新。

四 | 设计结语

为呈现地域文化特色，在遂宁宋瓷文化中心的方案设计阶段，整个团队投入了大量精力，力求用空间语言和设计手法，为来访者讲述有深刻的文化内涵，同时追求新生、蓬勃发展的遂宁。同时，在设计过程中，通过跟项目总设计师崔愷院士的沟通配合，设计团队也意识到要找到方法处理建筑、景观与室内的关系，使整个项目更加的整体统一。项目最终如期而成。我们认识到挖掘空间风格极为重要，所以应对地域和文化有广而深的前期积累。蓄力而发，方案才能在逻辑和审美上愈加协同。也许世界上永远不会有完美的设计，但生长于遂宁宋瓷文化中心的叶叶青荷、节节翠竹和片片竹简，将伴随着当代遂宁人的往来集聚，为这座城市印刻出深远而蓬勃的场所记忆。

北京雅昌艺术中心

文 / 张哲婧　摄影 / 张栋栋

在北京雅昌艺术中心项目之前，北京雅昌老办公大楼项目由崔愷院士主持设计，并带领室内专业的前辈们进行室内设计。项目落成及投入使用后得到业主的充分认可。伴随着企业的发展壮大，原有的办公空间无法承载现今的企业规模，从而有了新的北京雅昌艺术中心（后称"艺术中心"）项目的设计契机。

过去的雅昌文化集团以书籍的传统印刷、装帧等生产制作为主要业务板块，后来在互联网一代的风潮及艺术品市场蓬勃兴起的背景下，逐渐形成了"传统印刷 + 现代 IT 技术 + 文化艺术"相融合的崭新运营模式，同时也成为中国文化艺术面向全球的重要展示窗口。随着雅昌集团的不断发展，嘉定、深圳等地的雅昌艺术中心陆续落成。位于首都机场临空经济圈的北京雅昌艺术中心是何种定位或将呈现怎样的面貌需要作为设计起始点寻根溯源。

作为中国文化艺术的重要展示窗口，北京雅昌艺术中心在地域性表达方面采用了经典的方正格局，从航线的鸟瞰视野呈现了中正规整的中国传统院落形态，并延续了雅昌老办公楼中黑色金属板的元素，从古老的活字印刷术中提取体块穿插的形态，整体气质沉稳、朴实、大气。方正格局的空间处理手法加强了内部空间的体验性，这里不仅是传统办公生产空间，还是一个可容纳展示展览、活动事件的容器及窗口。

北京雅昌艺术中心以生产大基地为基础，主要结合企业展示、作品展览及多方位的艺术活动于一体，同时也融合了员工的休闲生活服务空间。本项目总建筑面积 60970m^2，精装面积 24000m^2。

"我是雅昌人"——功能组织

从建筑到室内设计的过程是曲折的，因甲方需

求调整，需要重新进行功能布局划分、消防疏散问题的核验。而除去建筑层面的难度，挑战更大的是对甲方各功能板块的专业化理解。因此在甲方的协调下，我们拿着甲方功能需求表以及建筑图纸，把自己当成一个新员工、一个雅昌人，走访调研每个专业部门的工作方式及其专业化需求，包括最难以用图纸表达的部门之间关系。多轮的沉浸式考察，为日后的功能组织打下了较为扎实的基础。通过从外向性与内向性两个维度进行部门排序，并结合建筑空间特点进行大区对位，再在一定的稳定范围内进行部门排布，最后再进行多轮的部门论证会，形成最终的布局。除了整体的功能组织，还有局部的专业需求，例如复制车间的照明光源在调研中发现需要选用特制的进口三基色日光灯，其显色性可以达到 99% 以上，可最大程度还原艺术品的本色。

"舒纸铸墨、本末相顺"——空间营造

建筑中"活字体块"的植入，串连相应的重点功能空间，室内空间延续建筑的空间生成逻辑，共

原北京雅昌办公楼

门厅（左图）
洽谈区（右图）

制版车间走廊（左图）
书墙展厅（右图）

享区延续建筑材料。"纸、墨、版"代表着印刷业的根本，我们在雅昌老办公楼中成功运用，在雅昌中心延续传承。大面积的留白体现"纸"的意向，"活字体块"用黑色金属板强调，呈现浓"墨"积淀；原大堂方案中对黑色金属板进行艺术穿孔处理来消解黑色体量，体现制"版"的意向。与雅昌老办公楼不同的是，随着现代办公空间理念的升级，人文绿色在空间中的体现变得更为重要，我们不仅增加了木材，给人亲和感，同时通过结构改造增加办公区采光庭院，从而增加了"活字体块"的丰富性与体量层次，解决方正大平面内区采光不利的情况。大堂成为一个开放的多功能区，开敞的通高共享空间，可进行艺术装置展示，同时集休闲洽谈、零售展示、咖啡茶水服务等功能于一体。

"为人民艺术服务到艺术为人民服务"——企业文化展示

雅昌文化集团的宗旨是通过"为人民艺术服务"实现"艺术为人民服务"；其使命是让艺术走进每个人的生活；其愿景是成为卓越的艺术服务机构；其价值观是品质至上、客户感动、注重业绩、员工幸福、热爱艺术、勇于创新、尊重科学、社会责任。我们可以从中看到企业的高瞻远瞩以及核心价值观。那么如何通过具体的室内设计去呈现其企业文化？

藤本壮介所设计的武藏野美术大学图书馆引领了高大书墙空间的设计风潮，这股风潮延续至今。北京雅昌艺术中心其中最大的一个"活字体块"内部也预留了这样一个2~4层的通高空间。原建筑设置了单面的通高书墙，气势十足，但人与书的关系是疏离的，这也是大多数高大书墙空间的通病，将书和书架变成一种装饰背景。作为一个基于高品质书籍设计制作、励志要让艺术走进每个人生活的文化企业，又有大量精品样书留存于库房，如何利用这些条件，创造以书为主体的文化展示空间，就变得十分必要。在原有通高空间设置四面环廊，利用水平切分及结构改造将3层通高空间水平切分为（2F、2.5F、3F、3.5F、4F）5层书架，每层2.7m，用来消化加建结构层厚度，以达到适宜人取放的书架高度。由于结构荷载的限制，深化设计过程中控制了书柜进深，将书籍封面完全展示出来，减小密度的同时也符合展示重点。此外在通高空间后区增加用来串联各层的垂直交通间，使空间通达高效，体验者可以上下游走于各层书廊，使人与所有书籍有真实的联结。我们实现了一次从"书墙"到"书廊"的改变，同时也塑造了一个可休憩、可展示、可品读的企业文化精神堡垒。

此外，业主也希望利用错版废纸进行回收再利用，这是一个绿色环保的诉求。我们通过将废纸压合形成板材，进行家具再设计，这样不仅获得了家具本身，更加呈现了一个印刷企业"从木到纸、从纸回归到木"的绿色理念。

中国天府农业博览园主展馆

文/魏黎 摄影/吴健、康凯

一 项目概况

位于成都市新津区的中国天府农业博览园（简称天府农博园）是四川省委、省政府规划的四川农业博览会（简称四川农博会）永久举办地；建筑面积 13.2 万 m^2，由五个展馆组成；2020 年 6 月 1 日全面开工建设，目前已全面投入使用。

作为四川农博会永久举办地和成都市 66 个产业功能区之一，天府农博园探索全新的会展模式和理念，营造会展会议、农科文创、生活配套、休闲旅游等六大体验场景，加快构建未来产业生态功能承载区和市民生活空间展示区，呈现"永不落幕的田园农博盛宴、永续发展的乡村振兴典范"。

天府农博园由五个连绵起伏的拱形建筑构成，寓意"稻浪翻涌、田馆相融"，五大展馆分别为天府国际会议中心、演出展场、体育展场、天府农耕文明博物馆和文创孵化馆，场地东侧的商业街区为本项目的第六个部分。本文主要以一号馆——G1 会议中心为范本，阐述项目设计过程中室内设计师对项目空间系统进行的分析及思考。

二 建筑设计理念

建筑设计以"复合多样、前展后街"的功能组织原则进行布局，五栋建筑呈五指状分布在田间，每栋建筑既是独立的个体，又因曲线木屋架的笼罩形成一个起伏的整体。

主展馆项目采用世界首创的钢木混合空腹桁架拱（钢木结构），整体为 CNC 加工木檩条 +ETFE 膜结构体系。这座长在田野中的巨型建筑，在工程技术上运用了许多在成都乃至国内都少见的高新技术及材料。

77 个巨型木拱，其中最大跨度 118m，最高 43.25m，建筑整体呈现"稻浪翻涌"的形态。木结构原材料是来自欧洲高寒地带的落叶松和云杉，在奥地利、瑞士的工厂采用 CNC 数控机床加工成成品，其材质强度高、坚固耐用。钢木结构的组装采用变截面胶合木作为拱形桁架的上下弦杆，和锥形腹杆共同形成三角形截面的拱形桁架。

顶棚为德国进口 ETFE 膜，这种膜的承重能力强，仅仅 0.25mm 的厚度，承重能力却达到 $2t/m^2$。膜片数量多、颜色多，通过参数化建模技术、加工图数字化自动出图等措施，达到设计规则统一、安装快捷高效的效果，最终呈现五彩斑斓的表面。

连续的木拱形成了一组优美而富有弹性的檐口曲线。这组曲线形态各不相同，或高耸或宽广，富于变化。舒缓的曲线也使建筑内部空间变得生动。

木结构下的建筑主体使用钢结构建成，各层平面边缘各不相同，因循周边田地肌理呈现出如梯田般层叠的结构。这些层与层之间的错叠创造出了非常多的通高空间。

建筑设计在田间地头自由生长式的布局方式，富有想象力的曲线造型及色彩搭配，都为室内设计提供了灵感，室内设计也因循着这些原则展开工作。

三 室内设计逻辑

G1 会议中心建筑面积约 3 万 m^2，是整个天府农博园交流共享的大客厅。地上部分靠近西侧，分

为南北两组 4 层体量，集会展、会议论坛、宴会为一体，拥有 23 个多功能会议厅。两组体量通过室外平台及连桥连接。

建筑主体与木拱采用分离式设计，木拱下均为可遮风避雨的室外空间，也是参会者交通、休息停留、发生交往最多的重要空间。这些空间既可以连通室外的田地肌理、景观小品，又成为室内交往行为的外延部分。建筑师、室内设计师和景观设计师都对这类空间的塑造充满欲望。

1. 平面逻辑

G1 会议中心南侧主要分布着大大小小的会议厅，这些会议厅以轴线为原则错落布置，像极了场地周边的农田，田埂的布置既自由又有章法，错落的方形体块由于农作物的不同呈现出不同色彩，犹如周边田地画布中的色块。

室内设计以这些"色块"为线索，将这样的布局方式引入。室内功能区的界面是否也可以不受墙体的限制，在地面及顶面向外向内作更多的延伸？这些自由外溢的界面是否能够为功能区提供更多服务？我们不禁提出了这样的问题。

答案是肯定的，这个答案依然是源于功能。会议厅的主要功能是承接各种组织举办的会议，无论会议主题、会议规模，都尽可能有效地使用会议厅，让参会者尽可能多地充满整个房间。一般的会议会有明确的开始、间歇及结束时间，在会议开始前、间歇、结束后，参会者会分布于会场周围的区域，发生一些有趣的交往，而我们这些室内界面的外延，恰好为这些行为提供了优质的场所。延出的地面铺装为会议前区限定区域，也为参会者提供一定参考，以免误闯其他会场，使各会场之间的活动有序进行，不受干扰；延出的顶面系统为会议前区提供更好的声光条件，也提升了会场的识别度。

2. 墙面逻辑

会议中心建筑设计为了呈现平面轮廓的可生长性，弱化了立面的处理，更多地使用玻璃幕墙作为房间的分隔，增加了会议厅的通透性。空间中仅剩的墙体界面除了担负 LED 大屏、主背景墙功能之外，很难再进行增加识别性的设计。而建筑设计裸露的工字钢檐口、栏板侧面的种植箱及灰空间吊顶的边缘为这项工作提供了条件。室内设计将建筑构件的各种标高进行统一，在不破坏建筑外观、不增加装饰界面的情况下，规定了各类标识及设备的高度，在层板与层板之间形成规整的、模数化的立面系统控制，从而回应了建筑设计层间错叠、语言统一的设计原则。

3. 顶面系统

会议中心有限的建筑面积组织了非常多的会议厅，而建筑开放通透的墙体及自由的层板使这些会议厅呈现出相似的外观，难以识别。顶面的外延为这项工作创造了条件。室内设计根据轴网及功能布局，提出了一种框架系统的设计。

顶面框架系统结构由活动隔断轨道型材及灯具轨道型材构成，形成 2250mm × 2250mm 的格构，格构空隙处可悬挂具有吸声作用的玻纤板垂片。顶面框架系统也可以竖向向下延伸，延伸至种植箱框架处，可结合钢索固定会议期间的宣传品。顶面框架系统可在一个会议区及会议前区延伸。活动隔断轨道配合活动隔断，为单个会议厅的功能变化提供了可能性。可变换位置的磁吸灯具也可随着会议布置的变化而调整。玻纤吸声垂片拥有非常多的色彩，室内设计根据当地的农作物、季节变换提取出了四种常见色彩，分别对应丰收、竹林、溪水、山景的意境，在满足吸声功能的同时，会议厅的识别性也得到了提升。

四 | 回归建筑本身的思考

1. 木

天府农博园项目建成后，成为亚洲最大的木结构建筑，也是世界上最大的木结构建筑之一。建筑师从成都重峦叠嶂与平整稻田无缝相接的壮丽景致中汲取灵感，提出了弯曲木质围栏的设计概念。作为最古老的建筑材料之一，木材见证了无数美学的更迭、融汇，它代表着欧美风格中的醇厚匠心，也是中式古朴悠久意象的载体。

木拱的拉结结构，作为建筑的外立面呈现出百叶帘般的意向，可加强室内通风，同时细腻的百叶缝隙会将强烈的自然光过滤、分解，产生浪漫的"化

多功能厅

中庭·棚下灰空间及木拱结构顶面

建筑透视

学效应"——形成温柔的剪影，富有生活意趣。室内墙体将这一元素进行了延续，让木质温润、自然的特质成为室内设计的基调。

2. 色彩

木拱顶部铺设 ETFE 膜，旨在与周围的农田产生视觉联系。这层独特的膜结构除了具有过滤性、防腐蚀等多重功能外，还为建筑加了一层"炫彩特效"。16 种颜色混拼而成的彩色拱顶，与万亩稻田携手相伴，一下子就吸引住人们的视线。风起稻田千层浪，美丽乡村如画来。走到近处，每处展馆的顶棚都色彩斑斓，与周围的大地景观形成了强烈的色彩对比，既相得益彰，又让建筑本身格外突出。室内设计中的吸声垂片的色彩灵感即来源于此，使参会者无论身处建筑外或是置于室内，都能从各个角度感受到色彩带来的愉悦。

3. 公共性

"复合多样、前展后街"的布局形式使建筑具有了很强的开放性。它的开放性首先表现在空间形态：它不是一个巨大的、内外界限明确的单体建筑，而是一个打碎的、尺度宜人的、内外界限模糊的会展聚落。它很容易融合于环境之中，开放棚架下交错的通廊也让这座建筑具有了可穿越性，无论是有

参会目的的来宾，或是不经意来到这里的游客，都可以在这种穿越中获得更多的体验，也使得这座建筑变得更加开放。

拱下的通廊还使得这座建筑拥有了更多的出入口，参会者及游客可从各个方向进入建筑，在展馆单元中间穿梭，从而被各个展馆的活动吸引而参与其中。室内界面的外延也尊重了这种公共性，不在会场与会场之间、功能与功能之间设置过多的物理阻隔，使空间也做到内外交融。

五 | 结语

天府农博园历时一年半，终于在 2022 年顺利完成建造，并于春季开幕，助力成都农业文旅的可持续健康发展。设计建设过程中，我们始终秉承着一个理念，这里的乡村与这里的山水格局、气候条件、人文风土，甚至于质感味道，都需要与建筑融合在一起，远山近水、果树麦田、纵横街巷都是我们设计过程中追求的美好，尊重这些美好才能与技术结合在一起，获得一个圆满的成果，这也是室内设计师们对本土设计的初心。

第二节

本土化

作为更加追求细节效果与近人尺度感官体验的室内空间，通过一定的装饰性手法表达空间所属的文化与艺术氛围是室内专业自身特征的必然要求。室内空间院以崔愷院士提出的"本土设计"理念为导向，注重对地域性自然因素与人文因素的研究，在办公建筑中更加注重对企业特征与企业精神的研究；在商业建筑中更加注重对使用功能与艺术化的研究。通过这些研究达到建筑框架下的室内空间寻求答案与解题的关键。不做"大众化"的设计，更不"崇洋媚外"。

国家尊严 大国之美
——国家礼仪空间室内设计的继承和创新

文 / 董强　摄影 / 张广源、高飞、马冲

引言

"建筑与国家尊严"课程由关肇邺院士在清华大学建筑学院首次开设，已持续多年。课程通过对世界上若干国家首都（或历史上的首都）政治中心区的规划及建筑的分析，研究不同历史文化背景下的不同规划设计原则和方法，使学生广泛接触有关城市和建筑设计的精华，积累建筑艺术修养。

回溯世界建筑发展的历史长河，国家礼仪空间通常都是文化、传统、政治话语的集大成者，从中轴对称、层层递进的紫禁城到构图严谨、充满力量的华盛顿，不同文化背景下的国家首都规划和建筑形象千差万别，但均体现出宏伟气势与国家尊严。

基于宏大的规划设计和宏伟的建筑叙事，国家礼仪空间是国家社会活动、外交礼仪、历史事件的重要背景，其中的室内空间由于尺度更为近人、装饰元素更加丰富、风格更为典雅，成为表达国家历史文化的重要载体。

一 ｜ 基本概念

礼仪空间

礼仪空间是由物质构成的，呈现各种礼仪展演行为，体现关系与认知的空间。其包括三个维度：物态空间，关系空间，认识空间。它既指代单体礼仪建筑的内部物态空间，也可以是局域内多个礼仪建筑构成的关系空间。

国家礼仪空间

国家礼仪空间是国家党政机关、国际交流会议、驻外使馆等重要建筑中的接待空间、会议空间、展览空间等，不仅是单纯的物质空间，更承载着国家的文化内涵并传递出时代精神，代表着国家在国际上的形象。随着我国的国际地位逐步提高、国际交

中轴对称的紫禁城平面

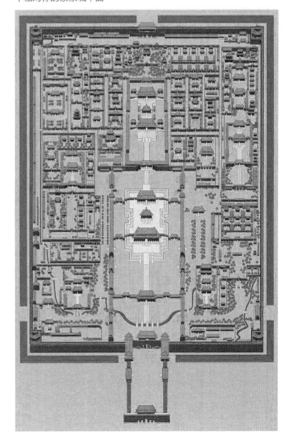

外交部办公楼室内空间 文化部办公楼室内空间

往愈加频繁，国家礼仪空间建设项目越来越多，也越来越重要。

二 | 历史沿革

作为有着 70 年悠久历史的中国建筑设计的国家队，中国建筑设计研究院有限公司从新中国成立初期就承担起一批重要的国家级项目的建筑设计工作，如北京火车站、怀仁堂、中央党校、首都剧场、北京展览馆等，采用"适用、经济、美观"的建筑设计原则，以及"中外古今，一切精华，皆为我用"的设计策略。与此同时，中国建筑设计研究院有限公司室内设计团队承担了其中重要的礼仪空间室内设计工作。室内设计在继承我国传统文化的基础上，延续新中国成立初期常用的苏联建筑风格，逐渐形成庄重、简朴的风格特征。

随着时代发展，改革开放之后中国建筑设计研究院有限公司陆续完成了全国政协、文化部、外交部等国家党政机关办公楼及部分驻外使馆的礼仪接待空间的设计工作。该时期的建筑设计以"新中式"

为主要特征，室内设计则不断探索中式风格、民族形式在室内空间中的应用。

随着建筑改造和城市更新时代的到来，中国建筑设计研究院有限公司又相继完成了中国驻南非使馆、中国驻法国使馆的设计，文化部、全国政协常委会会议厅的改造，2021 年承担了中国共产党历史展览馆的公共空间、礼仪空间的室内设计，在国家礼仪空间室内设计领域积累了丰富的经验。该时期国家礼仪空间类型更为多样，室内设计也更为丰富完善。如清华大学马怡西教授主持完成了 APEC（亚洲太平洋地区经济合作组织）会场集贤厅的室内设计，北京建院装饰工程设计有限公司完成了上合（上海合作组织）青岛峰会、杭州 G20（二十国集团）峰会主会场的室内设计，一大批优秀的设计团队都在不同维度上对国家礼仪空间室内设计展开探索与实践。

三 | 基本特征

国家礼仪空间是党和国家重要的政治性活动空间，既满足党政机关自身的办公、会议和交流的功能，

全国政协常委会会议厅

中国共产党党史馆序厅

文化部办公楼室内空间

中国共产党党史馆序厅局部

也承担着接待来访贵宾的使命。室内空间在具备权威、庄重的仪式感的同时，也常常表达了文化性和礼仪性。

政治性

作为重要活动场景的国家礼仪空间，室内氛围首先要满足政治性需要，体现国家形象和尊严。

文化性

国家礼仪空间代表了国家形象，是面向世界对外表达的窗口，体现出一个国家的政治、经济、民俗等方面的特点，反映了国家的意识形态和整体设计水平，同时也是传递国家文化的重要载体。

礼仪性

人无礼不生，事无礼不成，国家无礼不宁。我国自古以来就是礼仪之邦，招待客人一定是张灯结彩、气氛热烈，故室内设计经常用到寓意美好、迎接来客的主题。

四 | 设计要素

秩序之美

经过几千年的发展演变，我国传统建筑形成了系统的营造法则。国家礼仪空间通过层层递进的空间逻辑、中正严谨的构成法则来构建权威和仪式感。

气韵之美

"气韵"是中国美学最有代表性的范畴之一。"气"是中国传统文化对宇宙、人生和艺术的基本观念，而这一形而上本体又是以"韵"的表现方式呈现和传达的。"韵"不是对事物外在形态的描摹，而是对超出形象之外的事物的精神状态或内在特质的追求。"气韵"范畴显现出中国审美文化的诗性思维特征。

工艺之美

一部完整的中国古代建筑史，就是一部完整的中国工艺美术史。木刻、石雕、景泰蓝等传统工艺被创造性地应用于国家礼仪空间的室内设计中，老工艺与新材料和谐共生，反映了中华文明的源远流

长和当代中国的文化自信，同时诠释了礼仪之邦的热情好客与东方文化的当代价值。

五 | 传承与创新

建筑空间设计反映了某个时期的社会精神面貌，在一定程度上影响人们的行为与思想，故室内设计传承历史文化并注入新的时代精神是我们设计时思考的重点。如中国共产党党史馆室内空间设计用精炼的设计语言创造出典雅质朴的殿堂空间，在设计中把握了三个方面的统一：传统文化与时代精神的统一；室内设计与建筑风格的统一；典雅建筑空间与细部符号语言的统一。

1）传统文化与时代精神的统一：汲取中国传统文化精髓，体现新时代精神及文化自信。摒弃繁琐复杂的装饰语言，以简洁的线条、挺拔的空间造型、充满力量的块面蕴含刀砍斧凿的寓意，表达中国共产党一百年来砥砺前行的艰辛历程。

2）室内设计与建筑风格的统一：简洁庄重的建筑设计语言继承了北京"十大建筑"经典基因，通过对原建筑的解读，对空间梳理再塑造，室内空间设计模数与建筑模数严格对应，打造大气、质朴、厚重、昌盛的公共空间形象。

3）典雅建筑空间与细部符号语言的统一：整体简洁典雅的空间中不乏精致考究的装饰细节。深入挖掘中国共产党建党一百周年历程中的精神内涵，确定党史馆建筑装饰细部主题符号——向日葵。向日葵又被称为太阳花，是太阳和党的象征，具有向阳翘首仰望、坚守向往、初衷不改的寓意。

六 | 结语

研究总结国家礼仪空间室内设计的基本概念，梳理该领域实践案例的历史沿革，总结空间的基本特征，提炼出秩序之美、气韵之美、工艺之美的设计要素，并以中国共产党党史馆室内空间设计为例，通过传统文化与时代精神的统一、室内设计与建筑风格的统一、典雅建筑空间与细部符号语言的统一，论述在国家礼仪空间中实现传承与创新的具体策略。

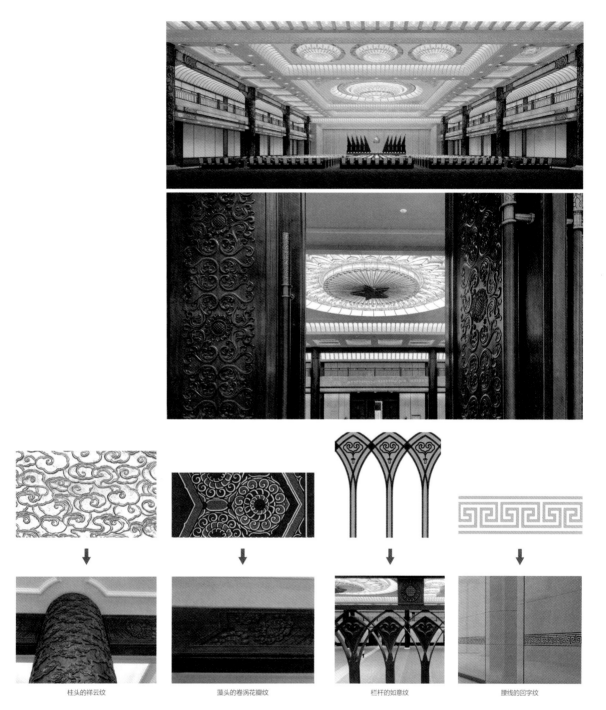

柱头的祥云纹　　　　藻头的卷涡花瓣纹　　　　栏杆的如意纹　　　　腰线的回字纹

中国共产党党史馆室内装饰细部

　　国家礼仪空间不仅仅是单纯的物质空间，更是表达文化和精神的空间，从古至今，其约定俗成地承担了传统文化传承、民族文化传播、国家形象树立的重任。随着我国经济社会的发展和国际地位的提高，国家礼仪空间室内设计中如何在尊重国际活动常规礼仪的基础上，将中国传统人文情怀注入其间，为世界文明增添中国元素，这既是历史赋予的巨大机遇与挑战，又是新时代室内设计师的使命与担当。我们将坚持不懈，努力求索，为国家礼仪空间设计探寻新方向。

文化部办公楼维修改造

文 / 董强　摄影 / 高飞

一　项目概述

　　文化部办公楼位于北京市东城区，工程总建筑面积 3.4 万 m²，地下主体 2 层，地上主体 17 层。项目始建于 20 世纪 90 年代初，具有外事接待、办公、会议、活动等配套功能。随着时代的发展、办公人数的增长和使用功能的变化，办公楼的现状难以满足使用需求，亟待彻底的维修改造。作为国家部委办公改造项目，甲方明确要求严格控制投资造价，依据《党政机关办公用房建设标准》布局设计，满足现代高效办公使用需求，提升重点空间文化品位。

首层门厅

二　项目策略

1. 改造中的空间再利用

　　针对老旧建筑的状况，我们在解决问题时，运用不同手法，赋予一个空间多种功能，使有限的空间能够满足更多的需求。并且将各种功能有序地组织起来，达到既能用又好用的目标。

　　①调整空间流线

　　充分发挥中央电梯厅的枢纽作用，重新组织南北两侧的交通流线。取消二层连接南北的跑马廊，改为通过中央电梯侧厅连通，消除办公流线与礼仪空间的交叉。原朝向首层大堂开门的卫生间改向后开，进一步完善大堂空间形象。

　　②完善空间功能

　　首层大堂位置中正，两层挑高，且与中央电梯侧厅连用，便于人流疏解。平面布置分为平日情景、迎宾情景、展览情景、交流情景四种；在空间设计

上充分考虑适应四种情景的需要；各专业配合设计，通过智能控制系统统一管理，可满足礼仪接待、人员疏散、展览、集会等不同使用需求。

　　③提高空间高度

　　原标准层走廊为平顶，标高不足 2.350m，加上长度长、采光不足，使用者感觉昏暗压抑。水、暖、电各专业设备均在走廊走管，新增智能化系统还要增加管线。最终在多方努力下，确定方案：走廊局部穿梁并加固，管线部分穿梁、部分翻梁；并将最占空间的风管一分为二，所有管线两边沿墙布置。最终方案吊顶分三部分，沿墙两侧最低，标高 2.400m，中间部分底标高 2.600m，局部跌级标高 2.850m。跌级内为可开启矿棉板，方便管线检

修；消防末端和灯具集中布置在跌级内，采用平板型 LED 灯具，不占标高的同时，还有一些面光的效果。建成效果达到设计预期，使走廊的使用体验得到极大改善。

2. 改造室内环境质量

①声环境

大会议厅、新闻发布厅等重点会议空间特别进行了声学专项设计。在精装方案设计阶段即开始与声学设计配合，通过讨论确定空间的适当造型。办公室、走廊等空间大面积采用矿棉吸声板吊顶，矿棉吸声板的 NRC（降噪系数）达 0.5 以上，能够达到很好的吸声效果。风机房、水泵房、换热间等设备机房，顶面为穿孔胶合板吸声顶棚、镀锌钢丝网罩面，墙面为穿孔铝板吸声墙面，内填玻璃棉毡，确保充分吸收噪声。

②光环境

原室内总体给人感觉较暗，此次维修改造中予以调整，力图改善使用者的感受。

空间设计上，通过局部拆除引入大面积自然光，改善重点空间的采光条件；墙面去除大面积深木色装饰物，以浅色墙面为主；地面选用色彩柔和、反射比适中的装饰材料。根据应用场所条件，确定空间光源色温，办公空间 4000~5000K，重点接待空间 3300~4000K，公共空间 4000K 左右，特定的色温塑造特定的空间氛围，满足特定的使用功能。

首层大堂、大会议厅等重点空间进行照明专项设计。采用点、线、面光源结合，间接照明与直接照明结合的表现形式来塑造空间的光环境，彰显室内设计的效果。运用智能照明控制系统，根据不同的使用情境转换室内照明氛围。

通过本次维修改造，不仅改善了照度不足的情况，提升了光环境舒适度，并且为重点空间营造出更适宜、更有氛围的光环境。

③空气 / 温度环境

本项目将机械通风与自然通风相结合，主要手法是打断南北向过长的联系，在中部形成东西向联系。措施有：一至二层东侧厅，与大堂入口形成对流；三层东侧厅，引入东面自然风；标准层电梯厅前厅，与电梯厅形成对流。

3. 改造中的节能减排

①利旧节材

从设计到施工全过程，一直将"节材"作为实现控制造价和绿色节能的重要途径。

方案设计上，一是平面布局尽量少作改动，仅在必要处进行拆改。二是装饰面翻新。三是家具利旧。四是移除的原有装饰性构件，另作他用。重复使用和翻新，极大减少了因二次装修产生的废弃物垃圾量。

采用灵活、标准的材料。首层大堂、各层中央电梯厅顶面为金属板，办公室、走廊等大部分空间顶面为可开启矿棉板。灵活的装饰材料能减少因功能变化导致的浪费，而采用标准化的板材规格能使材料的利用更加高效。

材料选样时，在效果和造价相近的情况下，尽量选择就近生产的材料，减少长途运输产生的能耗。

②系统更新

本项目为改造项目，使用年限长，一些设备陈旧老化，产生不必要的能耗，而系统、设备的进步

首层门厅

接待室

发展又带来更节能的运行方式。

高压进线电缆老化，根据实际老化情况进行更换。低压配电柜全部更换。检查管材状况，更换老化管材。空调送风管、回风管、新风管除保温型风管外均做保温。所有给水管、排水管均做防结露保温，所有穿防火墙处的管道采用不燃材料保温。保温层外采用不燃材料作保护层。

原外窗为铝合金推拉窗，舒适度差同时已无法满足现行节能要求，此次全部更换。外窗采用Low-E中空玻璃，间隔层为12mm空气层；框料选用铝合金隔热断桥型材。

首层大堂为高大空间，为避免冬季的温度梯度过大，采用地板辐射供暖系统及全空气空调系统。大会议厅采用全空气双风机空调系统，新风由室外引入空调房，与回风混合，经空气处理机组处理后送入。办公室、会议室、贵宾室、活动室采用风机盘管加新风系统。

③智能管理

为提高智能化管理技术，加强管控力度，增设建筑设备管理系统。系统包括冷冻水系统、冷却系统、空气处理系统、排风系统、整体式空调机、给水系统、排水及污水处理系统、供配电设备监视系统、照明系统，预留与火灾自动报警系统、综合安防系统的通信接口。

系统具有设备的手/自动状态监视、启停控制、运行状态显示、故障报警、温湿度检测、控制及实现相关的各种逻辑控制关系等功能。可根据空间条件不同，细分控制区域，独立调节各区域的供暖、空调等系统；可对用电、用水量分区域单独计量、分级计量；可对重点空间进行照明情景控制。

多功能厅

接待厅

三 | 感悟

随着经济社会的快速发展，人们对建筑使用功能和室内环境质量要求大幅提升，建筑能耗总量及其在社会终端能耗中的比重不断增加。绿色理念的既有建筑改造成为推动我国建筑节能、控制能源消费的重要途径。现代办公向着更健康、智能的方向发展。

四 | 结语

本项目旨在通过绿色装饰装修的手法，来解决既有建筑的使用问题。从功能分布、交通组织、空间布局上来解决空间利用的问题；从声学设计、光环境设计、空气/温度环境设计上来解决环境质量的问题；从利旧翻新、就近选材、更新老化部品、分区控制、增设建筑设备管理系统等方面来达到节材、节能、节水的目的；最终实现安全、适用、经济、绿色、美观的设计目标。

中国驻法国大使馆新馆改造

文 / 郭林、郭晓明　照片提供 / 业主

一 ｜ 概况

中国驻法国大使馆新馆（简称新馆），位于法国巴黎塞纳河左岸的第七区荣军院大街，地处巴黎市中心，地理位置优越，周边坐落着法国国民议会、总理府、外交部等政府机构，联合国教科文组织总部及多国驻法使馆，以及埃菲尔铁塔、亚历山大三世桥、荣军院等名胜古迹，与罗丹博物馆毗邻。

本次改造总建筑面积 1 万 m²，由孟德斯鸠公馆（始建于 1778 年，简称公馆）和行政楼（建于 1952 年）组成，改造后将成为对外接待和对内办公的场所。本次设计的内容主要是对建筑外观进行修复，对室内空间按照功能需要进行装修改造并更换全部设施设备，是对处于巴黎历史保护区内的历史文化遗产的保护再利用工程。改建工程秉承中法传统，融合现代技术，呈现出精美典雅、中西合璧之美，如今已成为两国友谊、合作与文化交流的象征。

二 ｜ 改造方法的研究与策略

尊重历史建筑，恢复往日风采

有着两百多年历史的公馆，根据法国当地的规定，应属于文物保护建筑，因此建筑外观维持原有 18 世纪的建筑风貌和样式，采用原有的建筑材料进行翻新。本次对于公馆的室内设计改造的基调，保持了建筑外观典雅的欧式风范，对外墙、屋顶、门窗进行了保护性修复，运用现代技术对内部结构进行了改造。室内的装修风格和材料的选用与建筑本身的历史及使用功能相协调，使用传统纯手工的工艺、包括历史的工法和材料，严谨地进行修复。接待大厅的墙面采用通高的白色贴金的木质壁板，样式为古典样式，四根柱子为科林斯立柱，地面采用凡尔赛式镶木地板，重新营造了 18 世纪风格的内部空间，使得室内空间与建筑成为有机的整体，体现了对这座历史建筑及当地文化的尊重，使这座历史

孟德斯鸠公馆（老建筑）

孟德斯鸠公馆（翻新后）

孟德斯鸠公馆接待大厅

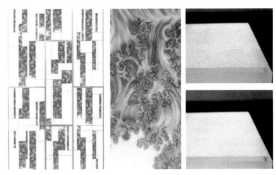

古铜花窗 · 陶瓷 / 玻璃镶嵌

性建筑焕发出往日迷人的风采。

融合现代技术，展现中国风格

　　行政楼的室内设计延续建筑的典雅与风范，让室内空间在格局上呼应建筑外观。设计优化了平面布置和流线，丰富了使用层次，让来宾更有礼遇感。根据不同的使用功能，用不同主题的艺术品、精湛的手工艺品烘托出空间的中国精神。合理的平面布置以及照明、声学、设备等系统的专业化设计，保证了现代办公的需求与高效。

　　因为是历史建筑的改造项目，只能在现有的条件下进行设计，这就需要运用一些技术手段进行整合。行政楼门厅原始平面的不利因素在于入口处有两根结构柱无法拆除，造成门厅进深空间缩短并缺乏应有的仪式感。调整后平面为中心对称式的格局，空间更加完整，呈现出庄重、典雅的中国气质。正对入口的是一面半透的"影壁"，门厅中的两根柱子消隐在"影壁"中，绕过"影壁"后才可进入接待区走廊，丰富了接待空间的层次，提升了来宾的礼遇感。顶面局部

透光膜的做法，解决了门厅采光不好的问题。作为建筑的序厅，仿佛洒进天光的庭院，呈现出具有东方气质的空间效果。

　　室内软装设计采用了中国传统工艺，将其点缀在西方典雅的建筑室内之中。经过提炼的中国元素，以现代的表现形式和置入方式，融入整体环境，含蓄表达着中国文化。办公楼门厅的艺术屏风，借鉴中式格栅、青花瓷等精髓，结合欧洲经典的玻璃镶嵌花窗样式，中西合璧，展示出东方和西方文化交汇的东魂西技，呈现出传统和现代艺术融合的古韵新风，演绎简约而不简单的现代艺术效果，展现了中法两国的友好交流。

　　行政楼会客室的设计采用了国内采购的深色橡木，不作过多繁琐的装饰。均质的空间界面理性、庄重，考究、精致的细节做法体现着空间的品质，营造出较为轻松、亲切的会客氛围，以现代的设计手法表现经典的中式材质搭配。

　　多功能厅原为两层钢筋混凝土结构，每层吊顶高度 3m 左右，为了满足在这里进行新闻发布、会议、

行政楼门厅

行政楼会客室

艺术展览等活动需求，将二层及屋面楼板取消，增加钢筋混凝土立柱进行结构加固，屋面设置了较为轻巧的金属拉杆桁架结构，重新整合后将空间的高度提升至6.5m。另外多功能厅空间场所的要求比较复杂，需要空间界面上提供声学、专业照明等装置，并与室内装修相互结合。在声学方面，墙面除了石膏材质，在高处还设置了吸声壁板，外观效果与石膏墙面一致，给人以整体统一的感觉。吊顶采用法国staff穹顶，表面采用微晶棉吸声系统，使得大厅的声学效果最佳。在大厅中央直径8m的穹窿形吊顶下，有许多小型灯具完美排列组合，灯具外表面被处理为装饰性厚玻璃，营造出明亮的巴黎式大厅。穹窿形吊顶与地面中央圆形凡尔赛式木地板拼花相对应。为了适应不同场景的功能需求，加设了灵活性较强的轨道射灯来为空间提供照明，为场景的设定增添氛围，实现高品质的空间环境。运用现代的设计手法将室外景观融入室内，室外门采用电动推拉门系统，平时隐藏在造型墙面中，全部打开时，多功能厅与室外庭院可连为一体，适应不同规模和形式的外交活动。

紧邻多功能厅前厅的室外平台，改造前无法作为有效的空间进行使用，为了扩充多功能厅的使用面积，在改造设计时考虑将此处作为室内空间的一部分进行设计，在屋顶增加了可电动开启的玻璃屋顶系统，使其既可作为室外的露天活动空间，屋顶关闭后也可作为室内招待用房的一部分，增加了隐私性。设计还在墙面上均匀布置了小型的球形喷口，增加了户外空间的舒适度，在此可举办小型的酒会、展览、演出等多种形式的对外活动。

多功能厅的室外平台墙面，作为与邻楼交接的普通墙面，将其破损的墙体加固后作为主题背景墙，供活动时合影留念使用。主题背景墙面用米色大理石，其上设置浮雕作品。浮雕的题材取意"上善若水·交融"，将海上丝路文化中具有代表性的文化符号进行精炼，汇合成一幅气势开阔的海上丝绸之路的壮景，将东西方海上丝路以文化的形式串联起来。浮雕配以手工陶瓷鱼的形象，寓意对中国历史文化的继承，以及中国文化与现代艺术语言的融合。

石材浮雕手工陶瓷鱼群

多功能厅

半室外平台

三 | 感悟

中法两国作为东西方两大文明古国，历史悠久且源远流长。对于历史建筑的尊重和保护，是改造实施项目的重要原则。本次改造采用了对历史性建筑文物性修复的办法，并且采用中法"联合设计、联合施工、联合监管"的建设模式，通过中法设计师的精诚合作，一座崭新的中国大使馆矗立在了法国巴黎古典主义风格的荣军院旁边。它不仅体现了中国的外交文化，而且尊重了法国的历史文化，为使馆的工作人员提供了安全、健康、温馨并且有文化品位的工作和生活环境，标志着中法关系迈进新的时代，展现了具有中国特色的大国外交走向更加美好的发展前景。

第三节

产品化

随着国家建筑工业化水平的提升与高质量发展的要求，用工业化思维做设计已经悄然走进了我们的日常工作当中。近年来装配式建筑、零碳建筑、主动式与被动式建筑越来越受到大众的关注。在崔愷院士《绿色建筑设计导则》的引领下，室内空间院结合自身的专业特征创新性地提出了"产品化思维下的室内工程设计方法"，通过三种思维转化、六种设计原则与九种方法措施，达到提升设计全过程管理意识，简化不必要的设计流程，加快整体项目建设周期，助力建筑装饰类工程质量整体水平的提升，践行国家高质量发展的目标。

景德镇圣莫妮卡学校

文 / 曹阳、张洋洋　摄影 / 陈鹤

一 ｜ 设计策略

逻辑点一：教学空间的发展

依据教育部对于未来校园建设的指导意见，未来校园将具备以下特点：①绿色校园——涵盖一体化的校园空间设计、低碳节能的工程建造技术、绿色环保材料的安装使用、全专业统筹的成本控制。②人文校园——涵盖校园功能整合、精细化的细节处理、无障碍的设施设置、室内外环境质量的控制。③智慧校园——涵盖智能化校园管理系统、教学管理系统、室内外环境监测系统。

从建筑空间角度，现阶段校园建筑（中小学）大致可以分为教学空间系统与非教学空间系统。教学空间系统包含教学楼内的标准教室、合班教室、实验室、各类型特色教室、前厅、走廊等，非教学

空间系统包含图书馆、报告厅、体育馆、食堂、宿舍、综合办公楼等。

从使用需求角度，现阶段校园建筑（中小学）大致需要满足学生与教师的以下需求：①安全需求，包含建筑空间内外界面坚固耐用、清洁环保。②舒适需求，包含室内空间舒适的光环境、空气质量、声空间。③互动需求，包含空间界面组织的教师与学生的教授互动、学生与学生之间的交流互动、媒体与学生之间的展示互动。④变化需求，包含建筑物理空间的功能转化、开合转化、操作便捷等。

逻辑点二：工业化建造的时代

在供给侧结构性改革的大背景下，去产能、去库存、去杠杆成为社会热词。通过大力推广、发展箱式钢结构装配式体系，既可化解钢铁产业过剩产能，也可推进建筑绿色化、工业化、信息化，实现传统产业的转型升级。

截至 2016 年，在我国民用建筑结构体系中，钢结构体系占比仅为 5%，且钢结构建筑还仅仅集中于高层建筑、超高层建筑、大空间公共建筑与工业建筑中。学校等多层公共建筑，以及低层、多层及高层住宅中，钢结构应用得不多。

景德镇圣莫妮卡学校以建筑功能为核心，主体以箱式框架为单元展开，以结构布置为基础，在满足建筑功能的前提下优化箱式钢结构布置，满足工业化内装所提倡的大空间布置要求，同时严格控制造价，降低施工难度；以工业化围护和内装部品为支撑，通过内装设计隐藏室内的梁、柱、支撑，满足安全、耐久、防火、保温和隔声等性能要求。

逻辑点三：样板先行，"未来教室"模块研发

在此项目之前，我们先针对标准教室进行了"未

建筑外观

未来教室模块

来教室"模块的研发。以北京某新建学校标准教学楼为例，综合现有教学单元类型，对教师授课、学生自习、阅读交流、资料查询、教师办公等功能进行集成，利用装配式室内空间建造手段创出一种能够实现多功能切换的教学单元产品。

其设计理念就是在装配式建筑中插入一个舒适的智慧化教室内核。

逻辑点四：标准化设计

本设计采用创新集成室内装配式设计，以国际先进的装配式结构系统集成为基础，统筹隔墙系统、设备与管线系统、吊顶系统、架空地面系统，推行一体化集成设计，推广模数化、标准化、通用化的设计方式，积极应用建筑信息模型技术，提高室内设计领域各专业协同设计能力。

逻辑点五：工厂化生产

整体设计墙顶地模数统一，工厂化生产。例如吊顶填充模块采用 1.2m×1.2m 的白色装配板，材料模数统一，并能够通过标准板与容错板的规则排

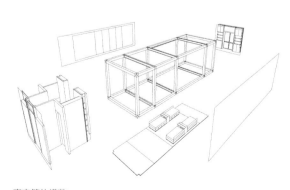

寝室箱体模数

寝室墙面通用模数，洗手台、卫生间及浴室

阅览室吊顶、阅览室、吸声板与挂镜线

列,形成富于变化的序列。围护墙板模块采用龙骨和预制夹层板整体装配的安装形式,墙板全部由工厂加工完成,通过严格的尺寸控制实现密拼的效果,易于墙面清洁。

逻辑点六:装配化施工

装配化施工以设计和产品双思维模式为出发点,创造系统性解决方案,强调接口设计。装配式部品在生产阶段主要分为生产计划、模具加工、生产验收、产品存储、产品运输阶段。注重装配施工过程中各个部品的施工配合与穿插流程、工作交接工序的管控等。

逻辑点七:信息化管理和智能化应用

智能化设备系统采用了电子班牌、电子时钟、监测摄像系统与录播系统,在契合教学场景的基础上,提供管控便捷、维护简单的硬件环境,可进行移动授课,提高教学效率和学生的学习兴趣。

经过前期的不懈探索,我们总结了一定经验,深化发展并运用到本次项目实践当中。

二 │ 感悟

推动设计全过程控制

全过程控制概念中强调了对整体室内工程建设项目全专业与全过程的控制,区别于传统的以"形式主义"与"风格主义"为先导的设计方式,注重从方案创作阶段到工程建造阶段的全过程设计管理,从单纯的创意设计思维逐步转化到设计管理思维。全过程控制强调了设计师对于项目全专业的协同性控制,也强调了设计师对项目建设的责任意识,真正地为使用者(业主单位)负责,提高项目建设质量,让过去片段性工作带来的责任不清的设计过程回到正确的运行方式上来。

推动项目全周期管理

如果说全过程设计是设计师的直接工作,那么从使用者角度出发,项目全周期的良好运行才是项目建设的目的。设计师的每一步操作都有可能影响项目运行情况,因此提升室内设计师对项目全周期的设计思维意识与设计管理能力非常有必要,例如对于工程技术、材料性能、经济测算、项目管理等跨专业学科知识的二次学习,正好和建筑行业现阶段推行的建筑师负责制接轨。

推动建筑绿色化变革

前瞻性、系统性的设计思考方式,其最为直接的目标就是要与建筑全过程设计相互关联,深化并细化建筑设计绿色化的体系建设,注重体系在向下贯彻过程中的落实情况;拒绝各专业自说自话,防止理论细化传导变形。其本身带来的设计思维、设计方式与操作工具的转变都可以大大提高设计工作效率，提升设计成果的质量。其去装饰、轻介入、标准化、装配化、信息化的措施与手段，也是建筑设计绿色化的一种具体实践。

推动行业工业化发展

随着国内劳动力市场的变化，传统建筑装饰行业以农民工和包工队为主导的工程用人方式将逐步转化为以工厂端和产业工人为优选的工程操作模式，逐步脱离传统用人方式带来的松散管理，以及层层分包所导致的工程质量低、结算超支、运维困难等问题。所以行业的工业化转型是未来的必经之路，随着新技术、新材料的不断推陈出新与升级迭代，以产品化思维为先导的工业化建造手段可以极大地从设计端推动建筑行业工业化的转型。

装配式教学单元模块将现代教学空间中教师授课、学生自习、阅读交流、资料查询、教师办公等功能进行集成，利用室内装配式建造手段与智能化设备系统相结合，创造出一款结合现代教育模式发展与绿色建造技术应用的现代综合性教学产品。装配式教学单元产品包含四大功能界面系统，采用 14 项装配式产品模块技术，全面实现了标准化设计、工厂化生产、装配式建造、一体化装修、信息化管理和智能化应用的全流程控制。

装配式教学单元模块产品可根据用户的不同需求进行清单式的分项功能选择，并采用全国联网、多省市一站配送的模式，确保货物准时送达。另外，此产品在全国范围内统一提供上门安装服务，进行现场全机器化、装配化的快速作业。产品交付使用后，厂家会以成品保修的方式为客户提供及时、周到、专业的售后服务。

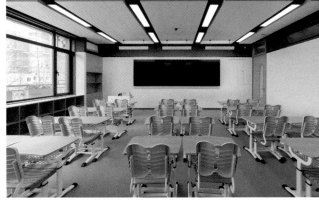

教室空间、办公空间、领导办公空间

三 | 结语

本设计旨在推动建造方式的创新，推广装配式室内装修，为实现钢结构产业化提供成套技术，通过标准化设计、装配式施工、信息化管理、智能化应用，促进装配化产业升级。箱式装配式结构教学、宿舍、办公单元模块产品可根据用户的不同需求进行清单式的分项功能选择，并采用全国联网、多省市一站配送的模式，可在各地推广使用。作为设计人员，我们也需在装配化室内设计中转化固有的设计思维，遵循工业化生产施工逻辑，以打造普适性产品的思路来做设计。相信在未来，装配式教学单元模块产品一定能够成为市场主流，为我国的教育事业添砖加瓦。

京东西南总部办公楼

文 / 马萌雪

一 项目概述

　　京东西南总部办公楼，位于四川成都武侯区，东邻潮音路，西邻规划道路，南邻武清东五路，北邻武清东四路，位于西三环外。

　　室内设计于 2017 年 5 月投标，2017 年 9 月中标，设计面积约 11.7 万 m^2，地上 11 层，地下 4 层，复合了办公、会议、健身、餐饮等功能。整个设计施工过程历时 4 年，于 2020 年 12 月竣工。项目兼具了简约现代化的外观和实用的功能分区，更加绿色环保，更加智能人性化，其细节之处尽显温暖的综合型办公空间。

二 设计策略

1. 延续建筑逻辑下的秩序

　　对于本项目的设计师来说，大堂空间是设计工作量较大的区域，也是本次设计含金量较高的区域。这并不仅仅是因为其空间尺度较大，更是因为大堂内的功能需求相对较多，设计的潜在目标也有所增加。

　　本项目在首层大厅内设有 3 层高的中庭，此区域是整个建筑最重要的核心地带，是重点展示企业形象的空间。室内设计延续了建筑外立面的序列和风格，融合了电商公司的特点，方形大堂四面通透，

建筑外观

首层员工大厅

通过折叠的内幕墙与各层办公区相连，严谨的秩序中又不失灵活的氛围。室内装饰使用多种金属板的序列排布，结合线条元素的灯光设计，使空间更具视觉冲击及独特氛围。

2. 组团式的功能规划方式

室内空间设计，遵循"以人为本"的设计法则，按照京东集团的办公特点及其办公个性化的诉求，进行功能空间及动线的设计组织，需兼顾办公私密性与开放性，以满足近万人的办公、娱乐、运动、生活等需求，此为本次室内设计的目标。

首层大堂分为两个服务组团，具备了京东集团对内、对外的多种服务需求。西北侧前厅服务组团连通了建筑的中心轴，辐射各个服务区域，在此区域集中设置了员工服务配套的主要区域，如超市、咖啡厅、企业文化展厅、员工服务大厅（SSC）、员工生活服务中心等综合服务配套设施；东侧前厅

首层服务大厅

服务组团设置为访客大厅，配备供应商结算大厅、访客接待、客服纠纷室等，实现对外综合服务功能，另外也增加了对外宣传、售卖京东 JOY 周边产品的零售空间，最终形成了多功能服务联动、综合服务区域集中辐射的大堂服务组团。

办公层的室内空间规划和功能布局上，考虑了光线对办公的影响，将光线环境条件良好的区域设置为开敞办公区；在采光相对较弱的中间区域，有

电梯厅

三层平面图

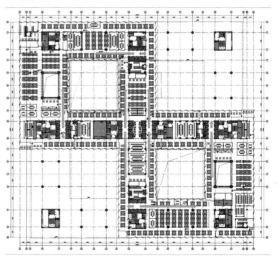

西南分公司办公区

客服中心办公区

京东金融办公区

成都研究院办公区

节奏地插入玻璃盒子作为会议室；中轴交通核区域则补充增设等候区、茶水区、洽谈空间、小型会议室等功能，满足了各种交流讨论、休闲等候等配套需求。

纵观整个功能布局，室内设计是在原建筑条件基础上，融合递进，相互衔接的。

室内设计师综合梳理了各部门不同的会议使用诉求，以及原建筑结构的基本条件，在空间布局上力图打造核心筒混合会议带；不同大小、不同形式的会议空间，以嵌套的形式在每层开放办公区的重点位置进行穿插设置，形成了多个互动服务的综合组团，在提高工作效率的同时，同样可以满足多元化的会议需求。

在各层办公空间中，比较消极的角部区域设置员工休息室、母婴室等房间，既解决了空间浪费的问题，也增加了提升员工幸福感的功能空间。

各层办公区域都有或多或少的局部通高空间，巧妙地贯通了上下层空间，加速空气流通，使空间更加灵动透气，减少了空调使用量，同时也使各部门联系更便捷，沟通更高效。

置入玻璃盒子——洽谈室

洽谈、小会议室

茶水间、员工休息室、员工餐厅

3. 健康、人性化的空间与设施

　　人们对健康办公环境的要求越来越高，建筑室内环境健康显得尤为重要。

　　设计重点关注了室内环境如何支持员工保持健康、提高生产效率、感受幸福与舒适等方面，其中涉及空气、水、营养、光、健身、舒适度、精神等多方面的设计探索。通过科学的设计与人性化的细节，为京东的员工提供更加舒适、放松、灵活、健康的室内办公环境。

　　①空气：本项目室内所有空间、区域均为禁烟区，在大楼周边指定区域规划布局吸烟区。室内各区域的暖通系统中设置可净化 PM10、PM2.5 的设备，增加可时刻监测室内温度、湿度与室外空气指数的检测装置，全时段自动调节室内空气环境。考虑到员工有可能开启窗户，当室外空气污染指数超标时，监测系统可及时提醒员工不要打开窗户。

　　②水：办公区引入水质净化系统，并确保各层每个办公工位在半径 30m 范围内，均可以便利地到达饮水区。

　　③营养：地下一层的餐厅区域设置了配餐档口、自助餐厅、风味餐厅等多种用餐空间，开放舒适的用餐区域为员工提供更加轻松的就餐环境，员工可以更加安心地就餐。

　　④光：办公区域尽量利用和引入自然光，设计遮阳系统和感应型的灯光控制，可以时刻提供舒适的室内光线氛围；灯具尽量选择防眩光产品，以保护工作人员的视力健康。

　　⑤健身：楼宇内配置锻炼身体的空间，例如健身房、羽毛球馆、室内足球馆、室内射箭室等，为

室内羽毛球馆　　　　　　　　　　　　　　　　　　　　　　　　　室内足球馆

企业员工提供更多的健康活动选择。

⑥舒适度：在设计中考虑无障碍和人性化的需求，让有特殊需求的员工和访客也能得到人性化的关怀，如室内配套了无障碍卫生间和母婴室。另外，为办公人员配备了符合人体工学的家具座椅，以提升办公的舒适感。

⑦精神：为了缓解办公的压力和紧张，设置了可发泄情绪的发泄室和心理疏导室；另外，考虑劳逸结合，增加员工的互动性，配置了游戏室，以达到互动交流的作用。

4. 绿色节能的工程理念

①装配化安装

在各办公层的室内装修区域，采用了较多的装配化产品，例如玻璃隔断系统，以标准化的产品进行快速施工，大幅度减少了现场作业的要求，还可循环使用。

②智能控制系统

室内设计范围内全区域采用了照明、会议、安防等智能化系统。智能化照明系统通过感应补光，以满足室内恒定照度。会议区域均采用完整的会议系统，多层次、多功能的交流会议由智能系统高效管理，体现京东集团开放、包容的企业文化。

三 ｜ 感悟

综上所述，在京东西南总部办公楼的室内空间

装饰设计过程中，要结合办公空间增加生活化的元素，包括健身房、游戏室、休闲设施等，为员工提供一个轻松愉悦的工作环境。

目前来说，具有企业个性的办公空间逐渐成为办公类室内装修设计的重点，打造更加实用、绿色、智能、人性化的综合型办公空间更是设计的主要目标。

创造独立且相互融合的空间，提升员工工作效率，打造人性化的环境成为现代办公环境设计的发展趋势。另外，办公环境的发展和现今常态化疫情防控的生活状态，促使设计师需要深入思考，来应对未来办公形式的多样化。

四 ｜ 结语

目前，京东西南总部办公楼精装修项目，于2021年8月投入使用。本次通过室内设计团队的辛勤劳动和历时四年多专业的密切配合，整个室内设计团队对于低成本的办公总部设计逐渐形成了一套较为完整的设计体系。针对电商总部办公类型的项目合作，可以更加顺畅、更高品质地提供设计服务，在成本控制、效果把控、材料选择、空间规划等方面获得了宝贵的设计经验。

远洋国际中心 A 座 31-33 层

文 / 米昂、董强　照片提供 / 业主

一 ｜ 项目概况

　　远洋集团总部办公区于 2006 年启用，建筑面积约 6875m² 。2018 年初，秉承 "共同成长，建筑健康" 的品牌价值理念，远洋集团总部办公区正式启动焕新升级，依据远洋健康建筑体系及 WELL 健康建筑标准的双重标准，匠心打造全新办公空间。2019 年 12 月 6 日，远洋集团总部办公区成功通过一系列性能验证，正式成为北京地区首个获得铂金级 WELL 认证的项目，也是亚洲最大铂金级 WELL 认证空间。

　　在设计之初为了达成这一重要认证，远洋集团人力部门对所有员工进行需求调研，让所有员工都参与到项目设计之中，并与我方设计团队密切沟通，反馈意见，力图为远洋员工创造更健康、更愉悦、更灵活、更高效的工作环境。对于设计团队来说，远洋集团的 "建筑·健康" 理念和 WELL 健康建筑标准均作为必须满足的前置条件，体现在每一次的设计方案、招标提资、材料抽检、施工交底、过程追踪等全过程之中。

二 ｜ 项目策略

　　在设计策略上，首先定下了三点设计原则：人性化、健康化、智能化。

1. 人性化

　　本项目提倡让渡价值，在平面规划中，把光线最好、视野最佳的地方全部用于员工的办公、洽商、会

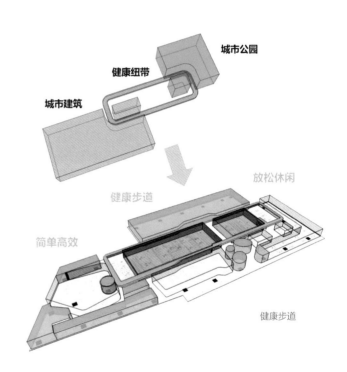

城市公园

健康纽带

城市建筑

放松休闲

健康步道

简单高效

健康步道

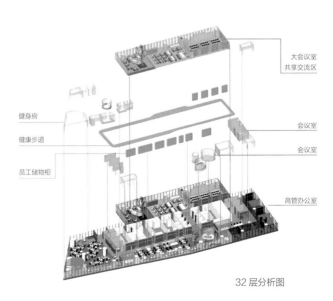

大会议室
共享交流区

健身房

健康步道

会议室

会议室

员工储物柜

高管办公室

32 层分析图

远景阁

共享交流区

会议室

议、沟通，并设置大量的共享区域和功能房间，以共享的精神打造更真实、更自由、更开放的互动体验。

　　在功能组织上，根据采光、工作模式及窗外景色，采用动静分区的划分原则，形成高管办公组团、员工办公组团、办公服务功能组团、休闲共享组团的平面分布，打造以人为本的舒适办公布局。

　　在交通组织上，室内布局分为放松休闲、健康步道、高效办公三个板块，由健康步道串连各功能板块。

　　考虑到员工是企业发展的驱动力，通过此次改造，着力重塑一个开放、共享、智慧的工作氛围。

设计中弱化了传统企业前台与背景 LOGO 墙的形式，用舒适的环境体验表达企业理念。将本项目视线、采光最好的区域被打造成员工的"城市花园"，引导员工交流、协作、分享，且注重人性化体验的空间。交流区提供茶饮及简餐服务，家具的配色在考虑美学的前提下保证人眼舒适度，配合区域绿化整体提升空间舒适度，让员工幸福愉悦，让访客宾至如归。

　　颠覆传统隔间办公模式，在光线、视线最佳的区域设置员工的办公组团，在每个组团中设置会议室、电话间、洽谈室等共享功能间，鼓励员工在更加自由、开放、高效的环境中交流分享，提升办公

领导办公室

空间的使用效率与舒适度，提供企业全新的办公管理模式。

在景观好的区域，设置了睡眠休息室、远望冥想室、健身房、阅读室等休闲空间，让员工在上班中体验如度假般的感受，增加员工的幸福感，从而激发更多活力。

2. 健康化

项目选材上多以模数化成品装配施工，并且无木作油漆与胶粘现场加工，确保没有任何有害气体及挥发物；玻璃隔断放弃传统胶装而采用装配式工艺，从源头上最大程度杜绝了污染。除了在"材料选择与工艺手法"基础层面坚持绿色、环保等原则，办公现场的绿植覆盖率更是超过40%，员工可以在"绿池"中游走遥望西山风光，同时设置了可以自主培育采摘的无土栽培菜园，可随时监测其健康生长的环境，在绿意盎然中见证健康和成长。

空间平面规划中，将远洋集团绿色城市建设者

绿色城市 健康纽带

• 远洋集团总部将绿色城市建设者的理念和使命映射入办公空间的规划中，以健康步道为纽带，衔接各功能区块。

远洋健康步道

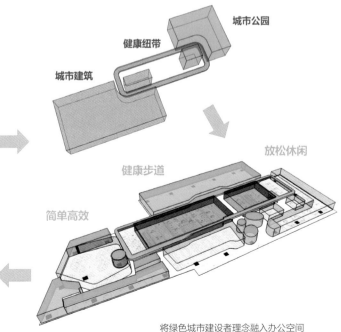

将绿色城市建设者理念融入办公空间

共享交流区

开放式办公区

的理念和使命映射其中，以健康步道为纽带，衔接各功能区块。项目中主要交通流线打破传统，均以橡胶运动跑道贯穿整个走廊交通空间，并在 32～33 层同样设置了健康坡道，鼓励员工午休时散步运动，同时减少电梯使用量。

在绿色生态方面，设计中以水平、垂直多维度的绿化布局，在公共区域、走廊、接待室均设置垂直绿化，采用智能滴灌系统，减少人工维护成本，节水且高效。项目创新地在楼板上设计地面绿化，根据绿植品种合理计算覆土厚度。用立体、三维的呈现手法让绿植贯穿于整个办公空间之中。

除了空间绿化外，在设计中还为每个员工平均设计 0.1m² 的员工农场，采用先进的无土栽培及光模拟技术，为每一位员工提供新鲜、绿色的食材，同时丰富员工的业余生活。

办公家具是员工日常工作中的重要"武器"，设计中为全部员工配置升降工位，提供可调节高度的办公桌，手动调节且支持 4 项记忆模式，调节高度实时显示，搭配显示器移动支臂，有效减少员工职业病的发生率，从而间接地提升工作效率。

在办公区空气质量方面，也采用多种手段加以控制。在室外空气上采取三重全方位过滤方式，所有新风机组采用板式 G4 级初效过滤器 + 袋式中效过滤器 +F9 级静电除尘过滤器三层强效过滤。新风系统过滤效率等级达到 MERV13。同时新风量满足不少于（面积 ×3.9+ 人数 ×9）×1.3m³/h; 对于46m² 或更大的会议室，设置按需送风系统，可通过增大送风量使二氧化碳浓度降低到 800ppm 以下;

考虑到北京秋、冬季气候干燥，新风机组加装加湿段，空间相对湿度维持在 30%~50% 之间。

在室内空气质量上增加独立净化系统，经计算，只使用新风系统，即使过滤效率再高也无法确保办公室内的颗粒物浓度持续达标。本项目所有的开放办公区均设置吊装独立空气净化器，所有空气净化器均有活性炭过滤段，且过滤效率均达到 HEPA 以上，PM2.5 可稳定处于 15μg/m³ 以下。

3. 智能化

新的办公区以智能化系统打通办公管理各个环节，实现智能来访、智能会议等管理方式。面向员工和访客，凭借智能终端与平台，收集数据至大数据平台，实现大数据分析，为大家提供更科学、健康的办公环境。

在日常工作方面，如设置会议预约与会议信息提示，提高员工工作效率，避免不必要的时间损失，设置人脸识别功能，减少前台人员不必要的询问，同时提高办公室安全管理水平。在环境方面，设置了空气质量监测及展示系统，每 920m² 设有信息发布显示屏，实时显示温度、湿度、二氧化碳、PM2.5 等数据。环境监控系统由服务器、交换机、网关、室内六合一空气检测传感器组成，对整体办公区域的环境温湿度、空气质量作全面监控，并联动空调通风设备，于必要时进行送风换气、加湿过滤等调节措施，以保障办公环境的舒适健康。

在集中控制方面，将风冷热泵机组及循环水泵接入大厦的直接数字式监控系统（DDC 系统）。在控制中心能显示空调、通风等各系统设备的运行状态及主要运行参数，并进行集中远距离控制和程序控制。

更多的是一种商业行为，它是企业转型的必经环节，是企业更新迭代的一种投资。有这样的思考是因为企业的发展需要适应社会的变化，我总结了以下几点：

①科技生活方式的变化：从原来的电灯电话，到现在的移动互联、智能化办公系统等。不光如此，有时还需要面对突发的公共卫生事件导致的居家办公模式。

②行业模式在竞争下的变化：企业要思考在竞争激烈的地产红海领域如何另辟蹊径，提升企业品牌竞争力，开拓新的市场。

③员工需求与管理者的压力：企业如何留住老员工，如何招募好员工，如何提高员工幸福指数和工作效率，如何平衡员工的薪酬比例等。

如上所述，在不断适应变革的市场环境下，以人为中心，也就是所谓绿色和健康的空间其实是能够助力企业在转型期间取得竞争的优势。

在过去，业主对于设计的侧重点：一是审美方面，也就是风格化、装饰化的视觉层面的需求；二是成本方面，钱多多装，钱少也尽量多装，几乎装修成本支出后无回报。而在当下，设计侧重点发生了很大的变化，我整理如下五点：①品牌价值，提高行业的竞争力。②体验记忆，通过良好的空间环境让人眼前一亮，流连忘返，可维护用户与企业的联系，提高品牌认同。③空间助力，科技智能、形态多样的办公空间，能激发员工的创造力与积极性。④文化认同，良好的办公体验可加强员工的使命感与归属感，提高企业人才留业率。⑤共赢社区，优质的办公环境是联结员工与员工、企业与企业，乃至城市与城市的沟通桥梁。综上所述，绿色健康设计可以说是只赚不赔的投资方式。

三 ｜ 感悟

此次总部办公改造是基于远洋集团"健康"品牌理念下，结合 WELL 铂金评分标准进行的办公模式的实践项目，以体验、服务、产品为载体，打造未来、健康的办公新模式，实现人、环境、建筑之间的和谐运作。

项目竣工的几年后，我有些跳出设计之外的感悟：打造健康办公的初衷可能并不是某种设计行为，

四 ｜ 结语

设计师虽不是绿色、健康设计的引领者，但会是这场变革有力的推动者。正所谓总结过去、预见未来，我们将依托绿色健康的设计趋势，继续打造共赢、和谐的建筑空间与环境，并不断探寻创新的方式，来进一步提升办公场所的健康与福祉。

中信大厦

文 / 张然

中信大厦外立面

中信大厦位于北京 CBD 核心区 Z15 地块。项目总建筑面积 43.7 万 m^2，地上 108 层（不含夹层），地下 7 层。建筑总高度 528m，结构形式为核心筒＋巨柱＋巨型斜撑＋带状桁架的混合结构。地上建筑共分为 9 个区，其中 Z0 区为大堂及会议区，Z8 区为多功能中心区，其余 7 个区段均为办公区。本项目由美国 Gensler 公司与中国建筑设计研究院有限公司联合设计，于 2016 年正式启动，2019 年 12 月 31 日竣工验收，历时 3 年。

本项目室内设计面积约为 8 万 m^2，共计 42 层，处在中信大厦的 Z1 ～ Z3 区（低区）。

本项目主要装饰材料为金属板、石膏板、方块地毯与满铺地毯、陶瓷墙地砖、背漆玻璃、镜面（黑镜、茶镜）、夹胶玻璃栏板、亚麻地材、软包墙面、防火板、人造石与天然大理石、墙纸、木挂板等。

作为超高层建筑，独特的结构设计在室内空间中刷出了一种有趣的存在感。大厦在每层建筑平面的 X 形对角线处都拥有四对超级粗犷的混凝土结构柱，俗称"巨柱"。它是除核心筒剪力墙外支撑大厦屹立不倒的一个重要的物理构件，它的出现给室内设计师们出了一道难题，好在巨柱夹角围合出的扇形空间被室内设计师们好好地利用了一把，把它规划成一处拥有无敌视野的黄金休息区与茶歇区。

另一特别之处就是 X 形的巨大斜撑钢梁。大厦地上部分共分为 9 个区，每个区东西南北四个方向各有一个 X 形巨大钢梁，这个钢梁贯穿整个大厦的室内空间，在每一层都呈现出不同斜度和形态。室内设计师在处理这个斜梁时，并没有刻意地去弱化它的存在，而是将计就计地利用空间里出现的材料去包覆它，让它与空间气质完美地契合。

标准办公层吊顶 95% 利用了原大厦交付吊顶（一种集成式综合吊顶系统），此系统是针对超高

扇形空间休息区及茶歇区

X形斜梁在室内空间中的呈现

标准办公层开敞办公区

会议层接待前台

员工餐厅

会议层大会议室及会议层走廊电控隐私玻璃隔断

服务层彩色镀膜玻璃及跑道地毯、服务层健身房

行政层贵宾电梯接待台与行政层走廊

行政层挑空中庭一层接待台

空中大堂空间特写

层建筑特别研发的一种综合吊顶系统，是应对超高层建筑钟摆效应及抗风压问题的一种有效的解决方案，并且具备一定的荷载力，可以满足成品隔断的顶部挂载需求，为房间分隔以及后期的布局调整提供了便捷的施工条件。

会议层有自己独立的接待前台，起到增强仪式感和会议室指引的功能。前台两侧的小型会议室的门使用了茶色玻璃，一方面起到了增强隐私性的作用，另一方面提升了室内装修的品质感。会议层的另一个特点是大量运用了成品隔断，设计的细节体现在隔断玻璃为电控隐私玻璃上。吊顶设计中大量使用了张拉膜，以保证照度的均匀性并防止眩光。

员工餐厅的设计中，顶面大量使用了白色铝方通，地面配以米黄色防滑地砖，结合家具选型时颜色的搭配，希望能给员工提供一个温馨舒适、整洁明亮的用餐环境。

服务层设计的亮点在于彩色镀膜玻璃的使用和跑道地毯的选型。服务层的主要功能是健身，并配套相关的辅助设施，比如淋浴间和医务室。

行政层的设计大量使用了铝板、钢板、仿铜不锈钢、天然石材、人造石材、镜面（黑镜、茶镜）、成品木挂板、壁纸、加胶玻璃栏板、软包等装修材料，是本项目中设计难度与造价成本最高，也是最彰显装修品质与企业形象的空间楼层。行政层北侧有一处 3 层挑空的中庭空间，在其一层的位置设置了行政层主接待台和两段步行梯，可以从中庭的一层步行至中庭的三层。

转换层的设计亮点是本项目中又一处 3 层挑空的中庭空间。此空间被称作空中大堂，设置了电动扶梯，主要装修材料使用了铝板与天然石材、夹胶玻璃栏板与实木扶手。

为达到项目的完美落地，我院与 Gensler 公司在项目实施的过程中力求对每一个环节进行精益求精的把控，选材方面更经过多轮的深化探讨，完成了上百种材料的选型及封样。在施工过程中我院与 Gensler 公司均派出具有多年工程经验的设计师定期赴施工现场进行施工指导和方案优化工作，保证了项目进程中的每一个时间节点都能顺利地完成并通过相关的检查与审核。

在与 Gensler 公司合作的过程中，我们深切地感受到了合作方的国际化视野、责任心、专业度。他们对方案设计的精益求精和图纸设计深度的掌控，都给予了我院极大的支持与帮助，最终实现项目的完美呈现。

北京城市副中心行政办公区 C2 工程

文 / 张洋洋　摄影 / 潘悦

一　设计策略

1. 定制化室内装配

　　本项目的结构是通过钢龙骨和铝合金龙骨进行支撑的，内部填岩棉板，表面定制符合办公风格的装配板，形成易清洁、耐擦洗、抗撞击的安全表面。各种金属吊挂及连接件，通过机械化生产保证了尺寸的精确与安装的可靠性。办公室墙体还根据需要定制了挂镜线模块和设备带模块。挂镜线模块在模数上解决了 2400mm 高度的板材横向拼缝问题，工业标准化生产的 U 型挂镜线槽在房间墙面形成笔直的横向线条，自然而然地成为一种工业装饰风格，既满足了后期挂置物品等使用功能需求，又具有一定的美观性。墙面的设备带模块也是基于办公室设备点位众多的特点所研发的，距地 300mm 高度的

地方用白色铝板定制生产的设备带模块可随时拆改，增补强弱电插座以及各类智能化网络端口等点位，便于应对房间功能变更调整、人员数量增减等情况，充分发挥了装配式内装管线分离，便于拆卸的结构特点。

2. 灵活的轻质隔墙

　　现代办公环境需要的是一间装配式"咖啡馆"，如咖啡馆一般轻松的工作环境，但又不同于咖啡馆的喧闹和不便。这里可以提供共享且不固定座位的多种办公环境，包含惬意的窗景、沙发、绿植区、讨论区和个人工作台五种情景。每一张桌面均设有电源、USB 接口及储藏空间。每位成员都共享宽带上网账号，共享所有会议室、打印机、客厅、水吧台、公共休闲区。它不只是个工作空间，也可以转换为剧场和报告厅。员工们每天能相互沟通、交流，

建筑外观

一同分享、了解。

3. 优良的隔声效果

办公室内需要有一定的混响要求。本项目标准办公室顶面采用穿孔石膏板背附吸声棉，能够起到吸声降噪的作用。会议室轻质隔墙内部填充环保隔声材料，墙面采用吸声板起到双层降噪功能，同时提高墙体和门窗隔断的密封功能，使室内有一个小于 40dB 的安静环境，避免外来噪声的干扰。

4. 艺术的自然意象

集成饰面以自然为题，赋予了办公空间自然的元素，分别使用装配板模拟整块木材、大理石等的自然纹理，展示了自然的另一层风貌。"设计"是美与功能性的语言。安藤忠雄先生曾说，"我做出的尝试是将'物'做减法，建造出一个如同空白画布一般的建筑，将光和风等自然的要素引入其中，生发出一种气氛，期待在这种生命气息中能够发现那种震撼人心的力量。"

5. 环保的空间材料

目前室内空气污染源主要来自于三个方面：建筑本身造成的污染，如某些建筑材料由于原料存在放射性污染物；室内装饰装修材料和过程带来的污染，如板材、化纤地毯、壁纸等，尤其是低档材料，污染更为严重；家具和家电带来的污染，如板式家具释放甲醛，布艺沙发喷胶带来苯污染。

装配式装修使用干法施工，现场无污染。装配式装修将工厂精细化生产的部品部件，运往施工现场，全干法施工，只进行"乐高式"的组装，避免了传统装修方式造成的施工现场的空气污染、噪声污染、建筑垃圾等，不影响周围居住者的正常生活。

6. 便捷的快速安装

工厂预制好的建筑构件运来后，现场工人们按图组装，进度快，交叉作业方便有序，既能保证质量，又有利于环境保护，还能降低施工成本。墙板可留缝，可密拼，免裱糊，免铺贴，即装即用。装配式装修简化工序，需要的工种少，流程明确，无施工间歇，最大程度缩短工期、降低成本，省时省力。即装即用，安全无忧。

7. 适宜的空间色调

不同工作性质的办公室色彩是不同的。要求工作人员细心工作的办公室，选用淡雅的色彩能使人平心静气。领导办公选用深色来衬托，显示出庄重和权威，但是也需要用一些明亮、清新的色彩来点缀，这样看起来不会压抑。吊顶较高的办公室，适合较深的色彩，产生收缩感。面积较大的开放办公室，适合浅色，产生扩张感，舒服轻松。背光的办公室用较亮的暖色调，让人感觉温暖，但不要使用反光强的颜色，否则会导致眼疲劳。我们还使用颜色素雅的柜子来分隔空间，一方面可以用于存储和展示，另一方面也可以让整体空间显得更加开放。柜中放置着各种装饰物品，如名人肖像、盆栽等，给整个空间增添了活力。

8. 高效的办公照明

模块化吊顶与灯具结合，营造舒适的工作环境，有效缓解人们的工作疲劳。

办公室：办公室空间对照度均匀度有一定的要求，适当的照度变化能够丰富空间层次和体验，对于一般照明，照度最小值与平均照度值的比值不应小于 0.7，而对作业面邻近周围的照度比值不应小

标准办公室

于 0.5。对于兼有一般照明与局部照明的情况，非工作区的平均照度不应低于工作区的一半，且不小于 200lx 了。对于两个相邻的区域，办公室与它边上的通道平均照度比值不能超过 5:1，且较低区域的照度至少为 150lx。办公照明注重灯具的防眩光，装配化办公可以设置灵活的灯具插接安装位置，配合适宜的灯具选型，缓解工作产生的视觉疲劳。

　　会议室：会议室空间注重场景的可变性，针对会议空间，灯光的灵活性决定了场景的可变性，越来越多的会议空间引入智能调光系统，根据空间功能的变化，调整灯光以满足不同使用要求。

标准办公室细节一

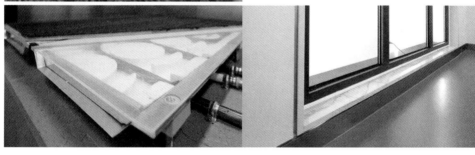

随着现代装配式装修体系的革新和技术的进步，为企业员工提供更加舒适、便捷的办公环境已经是未来办公场所建设的目标共识。目前，在我国室内装修结构体系中，装配式结构体系占比极低，且装配式结构还仅仅集中于高层、超高层建筑、大空间公共建筑与工业建筑中，普通办公楼等多高层公共建筑，以及低层、多层和高层住宅中，装配式结构应用得非常少。根据《国务院办公厅关于大力发展装配式建筑的指导意见》（国办发〔2016〕71号）和《国务院办公厅关于大力促进建筑业持续健康发展的意见》（国办发〔2017〕19号），中国院积极响应国家室内装修装配化的号召，建成北京首个室内装配化办公楼，引领绿色装配热潮。

随着中国经济的飞速发展、人民生活水平的不断改善，人们对办公产品的舒适性、实用性、经济型、美观性均提出了更高的要求。对于长时间在办公室工作的人群来说需要对办公空间的品质，如采光通风、结构布局、办公舒适度等，给予更多关注。

从使用需求角度，现阶段办公空间大致需要满足员工的以下需求：①安全需求，包含空间内外界

标准办公室细节二

同时，会议空间也要满足基本的视觉功效，如桌面的照度要达到500lx以上，以满足书写、记录等功能要求。在色温的选择上，会议空间宜选4000~5000K中间色温，高色温可以使人集中注意力，其次在照度均匀度、眩光控制等方面，会议室都要有相应的要求。

面坚固耐用、清洁环保；②舒适需求，包含空间环境中舒适的光环境、良好的空气质量和噪声控制；③互动需求，包含会议互动、员工之间的交流互动与展示互动等；④变化需求，包含物理空间的功能转化、开合转化、操作便捷等。

所以本次办公空间设计我们希望能够提供一种既能满足人们的基本办公使用需求，又能根据实际情况按需求进行灵活组合的标准办公空间设计。

第三章

文化

匠心

传承工匠之心，
精工细作、谦虚谨慎、学而不止，
重在学习。

匠心游

一 | 概述

　　"匠心游"通过每年组织中国院室内空间院全体成员进行团队建设活动，从而促进团队成员感情上的凝聚、思想上的统一、行动上的一致；建立成员之间的心理连接，成员与公司之间的感情连接，统一价值观，统一目标，将团队紧密连接在一起，充分发挥团队效应。同时，"匠心游"活动也是一种员工福利，增强了员工的归属感和信任感。

二 | 活动开展

　　"匠心游"每年春秋两季各开展一次。每次活动设定主题及目标，由室内空间院行政部门根据主题进行策划。首先，策划前要进行充分的调研，了解大家的需求和团队的状态，明确每次活动的主要目的。其次，形式上尽量要创新，与时俱进，充分调动大家参与的积极性。一场活动为大家创造一个工作之外的同频空间，让大家逐渐放松并愿意打开心扉，释放压力。在活动中将公司的使命、愿景传达给大家，带领大家畅想未来。在这种感情同频的场域中，让员工与公司更好地互相理解。

三 | 感悟

　　"匠心游"活动最大的意义在于旅途中的人和事，还有那些美好的记忆和景色。在活动过程中每个人都能体会到个人与个人、个人与组织、个人与大自然的关系，发掘自我潜能，工作时全力以赴，生活时热情浪漫。一群人，一条路，一起成长，永远积极向上。

春游活动

秋游活动

匠心堂

一　概述

匠心堂是中国院室内空间院内部每年举办的技术和质量管理的系列培训课程,定期聘请院内外专家、学者进行讲座。部分课程还通过现场授课与网络直播相结合的方式,不仅传授了知识,也扩大了中国院室内空间院的社会影响力。

二　活动开展

通过系列标准规范的培训,例如解读《民用建筑工程室内环境污染控制标准》《民用建筑设计统一标准》等,加深了年轻设计师们对绿色环保、安全防火等相关标准条文的理解,对可能存在的设计风险起到了很好的警示作用,促进了专业团队的内部交流与学习氛围。

BIM 设计的应用既是对标设计先进水平与高质量发展的重要途径,也是建筑工业化及绿色设计的重要的技术手段。通过 BIM 系列课程的培训,使设计人员更高效地进行设计。

培训现场

培训合影

三　感悟

匠心堂联合行业内的设计师、学者,加强学术交流与培训。通过一系列匠心堂的培训,提高了室内设计师的整体技术水平,为今后更好地进行专业设计工作提供了有力的支持。

匠心汇

一 | 概述

匠心汇是对于一年来的项目实践的全面总结，借助匠心汇平台邀请院士大师、专家学者、同行前辈齐聚一堂，通过点评以及交流互动进行答疑解惑，帮助室内设计师成长，大家携手走稳走好未来的设计创作之路。

二 | 活动开展

匠心汇获得了中国院崔愷院士和李兴钢设计大师的高度认可。大家认识到室内设计工作是完整的建筑创作中不可缺少的一部分，是建筑设计的必要延伸。室内设计不仅仅是在建筑设计之后对空间情景的重新

思考，而是从建筑方案开始就将建筑内外空间和实虚体量作为整体考虑。室内设计对建筑细部的推敲，对空间界面的把握，以及对最终使用状态的设定都要在整个设计过程中落实，是优秀建筑作品不可或缺的组成部分。

三 | 感悟

匠心汇系列学术活动，是设计师相聚交流的平台，也是设计观点的共融，期待给社会及行业带来一定的技术和理念的提升。今后匠心汇的内容会更加开放、包容，让室内设计师明确中国院发展的方向。我们作为中国院室内空间院的设计师理应站在前端，努力进取，不断提升和总结优秀的设计经验，促进行业共同进步。

匠心汇论坛现场

第二节
匠作

展示朴实之作，
尊重时代、尊重行业、尊重专业，
重在交流。

一 | 概述

匠作说系列论坛是中国院室内空间院推出的一项重要学术交流活动，论坛以每季度为一个周期，结合当前行业发展趋势，联合国内外优秀室内设计企业或机构与行业学者共同举办，旨在加强中国院室内人与同行的交流学习，带动更多的设计力量关注国家政策导向，推动室内设计行业高质量发展。

二 | 活动开展

2021~2022 年，中国院室内空间院一共举办了七期匠作说论坛，主题包括："绿色健康设计""大国礼仪——办公及展览建筑室内空间创新设计""从建造到制造——建筑装饰行业高质量发展""数字化设计""中国院 2022 冬奥会建设工程项目室内设计""健康营造——高质量发展背景下的室内工程技术设计""EPC 模式下的工程实践与技术交流论坛"，通过现场及线上直播的方式，展示了中国院室内空间院的匠心，在行业内引发了设计师的关注，取得了良好的反响。

三 | 感悟

通过匠作说的系列学术活动，我们传播了优秀建筑文化，倡导了绿色美学；阐释了传承中国文化，打造中国设计的内涵；指明了建筑装饰行业工业化的发展方向；加深了设计师对数字化设计的理解。我们希望在装修产业快速发展的年代里，为我国建筑装饰行业的发展贡献力量。

论坛现场

匠作奖

一 | 概述

"匠作奖"由中国建筑设计研究院有限公司与中央美术学院联合主办，积极邀请以全国知名美术院校和建筑院校为主的师生团队参与创作竞赛，共同研讨顺应行业未来发展的专业拓展的可能性，发掘积极探索、勇于创新、学以致用、品学兼优的毕业生，助力优秀设计人才脱颖而出。

二 | 活动开展

本赛事以"可持续概念下的既有建筑适应性再利用"为竞赛主题，由中国院室内空间院具体出题：城市会客厅——浙江龙泉国境药厂改造设计。最终共有25所国内外大学提交了93件作品，参与院校类型多元、层次丰富，包括有中央美术学院、广州美术学院、天津美术学院等艺术院校；清华大学、同济大学、上海大学、山东建筑大学、湖北工业大学等综合性大学、工科院校及其他类型的院校；还有芬兰阿尔托大学等国外院校。参赛学生包括了设计与建筑学背景的本科生及研究生。

三 | 感悟

在崔愷院士的指导下，"匠作奖"的竞赛主题、题目内容、规模和复杂度非常适合室内设计方向学生的毕业创作。命题有扎实的研究基础、具体的限制条件、现实的各种可能性，同时，围绕竞赛主题的系列讲座和崔院士团队的设计"参考答案"，引导学生从场地策略、改造策略、功能策略、结果导向、社会意义和实验性等维度展开既有建筑适应性再利用设计专题的探索，激励学生表达自己的设计观点。从入围的学生作品来看，设计手法和分析过程很有章法；设计的态度和立意从宏观到微观都很有格局。作为针对室内设计方向的毕业创作竞赛，首届竞赛的影响力比较广泛，竞赛模式和平台架构具有自己的特色，学术基调明确，为下一届比赛奠定了良好的基础。

匠作奖评审现场

匠作展

优秀作品展示

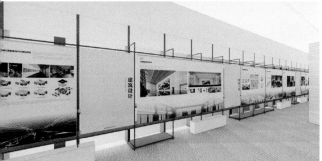

一 | 概述

匠作展是室内空间院"匠作匠心"文化品牌建设的组成部分之一，集中展示室内空间院本年度的优秀获奖作品，如获"中国建筑学会设计奖""中国建筑装饰协会科技创新奖""中国建设科技集团与中国建筑设计研究院有限公司优秀工程奖"的作品。

二 | 活动开展

匠作展是对室内空间院一年来在设计创作与工程实践方面的展示与总结，也是对每一位室内设计师不断提升设计能力，追求设计品质的激励。匠作展面向院内外热爱设计事业、关注中国院成长的大众开放，期待用自身的微薄之力为国家建筑工程行业的高质量发展助力。

三 | 感悟

这些优秀作品的形成，要感谢所有曾经在中国院室内空间院工作的前辈与专家，是你们的孜孜耕耘与辛勤付出才有了现在室内空间院的优秀基因与行业地位；感谢所有中国院的院士、大师及各位优秀的建筑师同仁，在与你们不断的合作与学习中让我们开阔视野，走出了一条属于中国院室内专业特色的发展道路；还要感谢所有中国院所属的经营管理团队，是你们的不断开拓才有了现在室内空间院更为广阔的行业市场，这一切激励我们不断学习前行。

室内空间院业务涵盖：
室内精装修、展陈展示、陈设艺术、
机电与智能化、照明与标示等室内全专业设计服务
与工程管理、建设。
为客户提供室内全过程的服务——
提升工程管理水平、控制造价成本、
保证项目质量的目标。

第四章

服务

南京园博园筒仓书店

文 / 韩文文　摄影 / 陈鹤、于跃超

南京城郊的汤山上，苍翠生烟，远山如雾。十个高耸的圆柱形灰色水泥筒仓兀自伫立于此。经历多年开采，十个筒仓仿佛十只眼睛望向天空，静静期待时空中的某个瞬间，新鲜的灵魂重新注入。

在园博园建设的契机下，水泥厂的老建筑群也要被修复。于是这十只水泥筒有了新的名字：先锋书店，并被安排在位于园博园主展馆的西南角。从此，它们拥有了自己全新的生命，正如先锋书店店铭："大地上的异乡者"，充满了生命之于宇宙的苍茫感。

"仓"——由料仓变书仓

"仓"描述功能。曾经的"仓"是"料仓"，分为两层，上高下矮，中间由管道连通，上方的石料经过机器粉碎之后通过漏斗落在一层的矿车内。

现在的"仓"，是"书仓"，分为三层，读者可以顺着楼梯走到屋顶，穿梭于十个圆形花园之间。而原有的一、二层之间的料斗被拿掉之后，留下一个 800mm 的洞口。在被赋予全新使命之后，筒仓也催生出了新的生命，在冰冷的水泥筒仓顶，摇曳着十棵桂花树。十个仓，十个主题，十个故事，分别讲述了世间的十种不同梦境。拥有一切爱与美好的理想者梦境——世界最美图书仓；钟爱创造任意未来形态的艺术家梦境——艺术仓；天马行空充满梦幻色彩的儿童梦境——绘本仓；因崇尚自由而

建筑外观

旅行生活仓

诗人之梯

徜徉宇宙穿梭时空的旅行者梦境——旅行生活仓；致力于探索世界未解文明的考古者梦境——古书仓；追求理想主义，创造忠于精神国度的文学家梦境——文学仓；斗争于世界应然与实然之间的哲学家梦境——人文社科仓；因魔幻的精神形态而卷曲的诗人梦境——诗歌塔；简单平和却快乐的普通人梦境——收银仓；以及代表光与未来的神之梦境——诗人之梯。

"筒"——向上生长的圆

"筒"是对形状的描述。十个筒仓是十个直指天空、通向梦境的隧道。扎实而平行上升的"文学仓"；呈阶梯上升的"旅行生活仓"；浪漫而快速螺旋向上、无限延展的"诗歌塔"……

当人们走入这个"圆"形筒底向上仰望的那一刻，便连接了精神、书籍、自然、苍穹。圆形视角带给人的无限延伸感，与"书"能将人引向无限精神空间的内涵恰好契合，"书仓"这一物质空间，变为精神空间。

人文社科仓

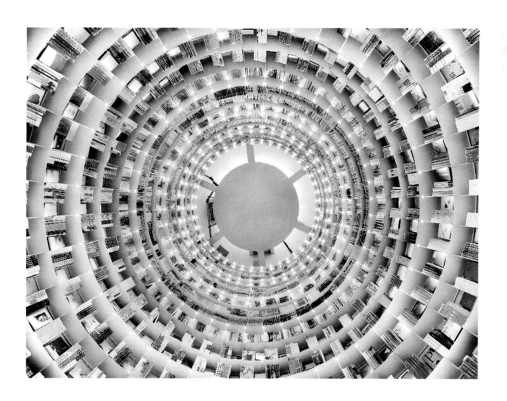

诗歌塔一

诗歌塔二

"白"——崭新的生命

    "白"不仅是在描述颜色，同时也是希望筒仓"新生如白"。"白"是纸的本色。我们希望在原本粗糙冰冷的水泥筒内建构如梦境般的"新"。设计中墙面采用了特殊的涂料，模仿"纸"的质感，意图与"书"找到关联；所有的书架隔板，采用了 3mm 厚的钢板，也意图如"纸"般纤薄，同时与整个园区"轻介入"的原则一致。先锋的"白"，是代表了全新生命与无限精神世界的颜色。

"镜"——生命力的延展

    在这十只圆筒之间，还会形成 10 个暗区，作为白色梦境的入口，我们采用了"镜面"材质；一方面这样可以无限扩展筒仓的空间，将有限的面积放大；另一方面营造出有趣的幻像，使游走期间的人们，沉浸其中。这种沉浸是一种身心的映射，在一个个梦境中，有书，有诗，有自己。

    南京园博园，从规划理念上是对这片山野伤疤的修复；而对诸如"筒仓"这样的老伙计来说，是开启了新的生命轮回。正如园博园总设计师崔愷院士所讲："修复不是为了回到过去，而是创造未来"。希望这伫立于园博园一隅，化身"先锋书店"的十个筒仓，能为人们带来发自内心深处的共鸣与感动，或许还能带来精神的慰藉与疗愈。

诗人之梯一

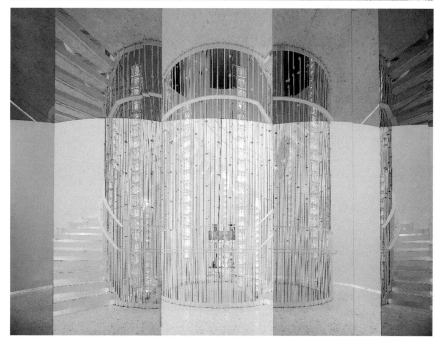
诗人之梯二

北京隆福寺大厦

文 / 邓雪映　摄影 / 高文中

一　设计概念的三条线索

1. 室内空间对建筑逻辑的延续

"延续"：延续建筑的空间逻辑，达到完整的系统展现。

将三层作为交通中转空间，结合中庭的通高区域设置天窗，改善采光条件。室内设计在三层设置了接待和简餐区域，解决了对外商务和社交的需求。三层将作为办公层的"大堂"。中庭空间有升降的

投影及音响装置，可以作为创意产业性质的企业举行活动的多功能场所。

建筑在四个角部的核心筒之间，增设 2 个核心筒，把 5000m^2 左右的平面空间，分割为 6 个区域。每个区域都有单独的核心筒，解决交通问题，实现独立租赁的可能性。6 个竖向核心筒，把大厦分为 6 个区域，为租赁运营提供了多种可能。室内在 6 个核心筒的设计上，加强了可识别性，采用色彩体系来区分公共交通区域。

隆福寺大厦的原始情况

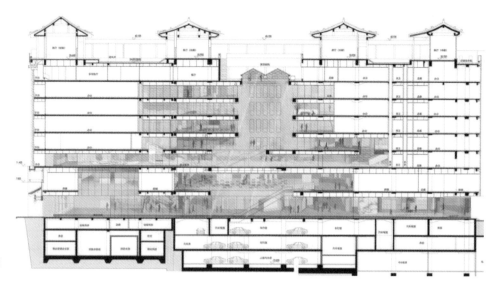

建筑逻辑立面分析图

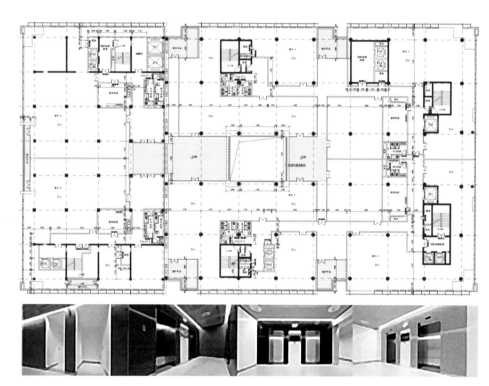

建筑逻辑平面分析图

办公组团出租模式

模式一	模式二	模式三
小型开放办公	中型混合办公	大型独立办公
6家	1-4家	1家
办公套内面积　　400-500m²	办公套内面积　400-500 800-1000m²	办公套内面积　　2500-3200m²
适用楼层　　　　F3-F7	适用楼层　　　　　　F4-F7	适用楼层　　　　F4-F7

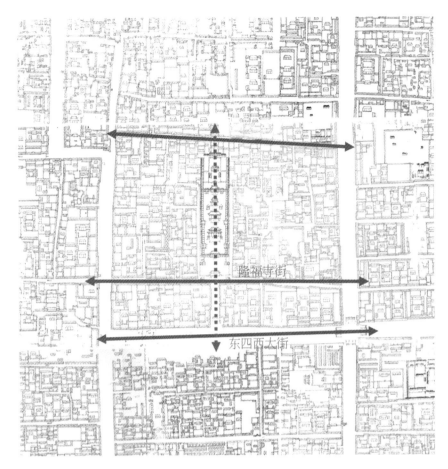

建筑肌理图

隆福寺街

东四西大街

2. 室内设计对城市和文化的回应

"回应"：找回城市文化的记忆，复原老北京的"庙会"印象。

3. 室内使用功能的重新定位

"焕新"：基于对新的需求和现状的分析，整合交通、分区、运营等多方面因素。

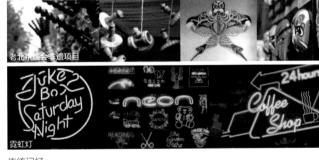

老北京庙会非遗项目

霓虹灯

传统记忆

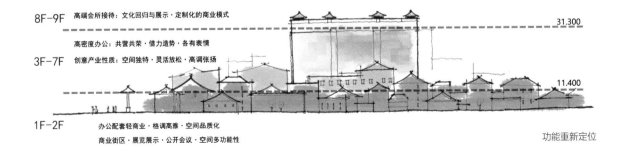

8F-9F 高端会所接待：文化回归与展示·定制化的商业模式 ————————————————— 31.300

高密度办公：共营共荣·借力造势·各有表情

3F-7F 创意产业性质：空间独特·灵活放松·高调张扬 ————————————————— 11.400

1F-2F 办公配套轻商业·格调高雅·空间品质化
商业街区·展览展示·公开会议·空间多功能性

功能重新定位

二 | 现状、难点及需要解决问题

1. 空间高度低——提升高度

现状：空间有效层高较低，吊顶标高最高做到 2800mm，不满足空间功能需求，显压抑

解决：提取梁柱结构原始构造感，体现项目改造属性，暗合创意产业办公氛围

解决：顶面喷涂防火涂料，暴露楼板、结构梁等原结构，解决空间高度局限

2. 空间显昏暗——提高亮度

现状：现场采光不理想，不符合办公场所需求

解决：界面高亮白色，辅助人工照明

3. 交通流线不合理——设定 6 个组团的格局特点，增加至 6 个核心筒，需要加强识别度

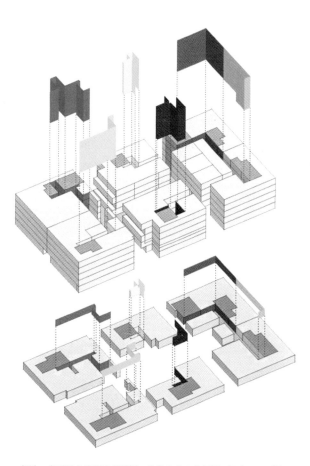

解决：色彩注入空间功能界面，定义 6 个办公组团，提高可识别性

三 | 设计内容

1. 商业区域——延续传统文脉

①街区感

商铺界面的进退层次模拟周边胡同街区。公共区域划分休息座椅与活动外摆结合区域，增强商街氛围，丰富商业业态，为"摆摊"小商业提供灵活运营的可能性，回应隆福寺庙会氛围。

街区化

②场景化

在玻璃界面内，商家可做各自风格化装修，外玻璃界面不影响其宣传及使用。标准化铺面维持空间整体性，业主拥有后期商业活动的灵活运营空间。

场景化

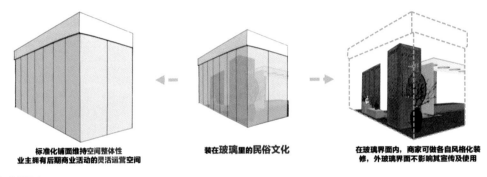

标准化铺面维持空间整体性
业主拥有后期商业活动的灵活运营空间

装在玻璃里的民俗文化

在玻璃界面内，商家可做各自风格化装修，外玻璃界面不影响其宣传及使用

标准化模块橱窗的概念

③文化性

通过老北京庙会非遗项目寻找昔日庙会记忆。霓虹灯的运用在性能和实施方面都非常成熟。温度低、能耗低、寿命长、灵活多样、动感强，在体现浓烈的商业氛围上有着巨大的优势。

 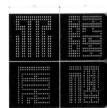

金属板穿孔"隆福大厦"纹样，取篆印章概念。

隆福大厦纹样

顶面霓虹灯线和外摆的木推车

2. 办公区域——开放共享，融入活力时尚

①地铁入口

地铁入口

②三层共享大厅

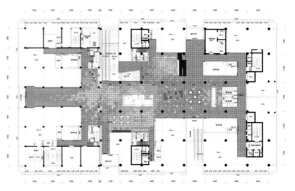

办公区域平面图

四 | 设计感悟 & 结语

城区更新类型的改造项目，设计过程并非一蹴而就。设计过程是更多的分析和研究，更多的尝试和平衡，是各种目标和方式相结合的比选。最终确定的，不见得是设计师最喜欢的，却是最适合的。最终的选择一定是顺时顺势，在解决问题的基础上谈更新，在回望历史当中说情怀，把握的是动态的"合"的原则，内外环境的融合，新旧部分的融合，文化历史的融合。

最后，引用本项目的设计指导崔愷院士在《本土设计Ⅱ》一文的话："追求一种渐进式的，生长式的，混搭式的，修补完善式的改造状态。"

改造后共享大厅

成都中车交车作业库改造

文 / 张哲婧　摄影 / 夏至

随着大众审美的日益开放和包容，人们对于具有历史文化背景的工业场所改造所形成的个性化空间有了更大的接受度，同时工业遗存开发也展现出较高的市场热度。如何调整产业升级使其符合区域及城市的发展战略，如何使改造项目可持续发展。这些议题都需要在工业遗存改造过程当中认真考虑。

就中车老厂区改造而言，业主希望使历史文脉成为独具魅力的品牌价值，对设备设施要进行主题化、雕塑化创作，让整个园区都充满中车的文化基因，并使得工业文明和科技创新和谐共存，让新旧之间的冲突能碰撞出更多的发展思路；其次希望给改造区居民的生活环境注入新的活力，从城市发展的角度塑造区域发展高地。需要注意的是，中车科技园的开发不以获取经济利益为主要目标，而是为了支持其主营业务发展，转化存量土地，继而拉动产业，驱动城市内驱力。现在的更新，更需要对它未来的活动导入，运营，产业升级进行思考。

成都中车交车作业库改造是中车老厂区改造中的一部分。项目设计开展之前，要考虑多方诉求，但无论针对政府诉求、产权人诉求或是周围社区居民的诉求，设计都需要从解决问题的角度切入。

笔者对工业建筑在城市更新中的开发演变模式进行了简单的梳理和总结，主要具有代表性的有如下几类：创意产业园模式、工业博物馆模式、开放空间模式、综合体发展模式，此外还有工业旅游度假地及工业特色小镇等针对规模大、系统性强的工业遗存保护性开发模式。

该项目开发属于多点融合性综合体开发的模式，因此设计任务有了多重目标。将交车作业库改造为售楼处，不仅需要对现存的单体工业厂房进行重新定位和设计改造，在未来更要促使商业、办公、居住、展览、餐饮及文娱等功能形成一种相互依存的能动关系。售楼处是随着地产业发展而衍生的一种展销建筑类型，由于地产销售的时效性，售楼处使用周期一般在 3~6 年，大多造型特异，运用新技术和新材料，通过设计手段展现项目特色、品牌实力及企业文化等。市场上精细设计、奢华包装的商业空间对体验者形成强烈的心理暗示，并将这种空间体验与展销的产品价值对等起来。而建造成本高、使用周期短、拆除率高的售楼处建造对于地产公司成本控制以及环境友好方面造成了压力。鉴于以上对售楼处现状的分析，得出该改造项目的两个明确方向，一是在"去售楼处化"趋势下，针对工业遗存改造的售楼处的历史文脉基因特点，将该售楼处项目定位为展示成都中车机车建造历史文化兼具地产产品展销功能的艺展中心；二是改造设计时需对地产展销功能卸载后，进行商业功能顺畅转型的手续报批、条件预留等进行设计和施工组织上的充分考虑。

交车作业库在整个机车工业园中规模较小，是一个建筑面积仅 1600m² 的构筑物。9 跨双 Y 形柱，

20 世纪 80 年代交车库旧照

改造后西立面　　　　　　　　　　　　　　　　　　　整体外观

雨棚的斜向屋面，三道并列在棚架基础地面之下的检修坑道，三方面刻画出了该构筑物鲜明的特征。建筑设计南北两跨新增完全与旧结构脱开的独立钢结构，并固定玻璃幕墙体系。东西立面进行实体墙的封闭，南北面通高玻璃幕墙围合成完整的空间，保证建筑原有的南北向的通透性。北侧插入盒子满足辅助功能空间，盒顶即二层露台连接室外连桥通往四季花园以及园区其他空间。

旧建筑的"旧"是承载着各种价值的历史事实和故事。从结构加固及改造到具体体验场景的再生，需要植入的"新"是当下社会生活在物理空间中的体现。根据地域文脉、项目性质及建筑特点，设计引入了"新旧连接＋互融"的理念，据此来处理三对变与不变的关系。一是在设计目标上，能够通过老房子、老物件引起工业记忆、文化共鸣的同时，也能激发出商业价值；二是满足当下售楼处的功能需求，并实现可持续性开发利用；最后在艺术处理层面，用新旧并置的方式，制造冲突，从而产生一

种"新旧连接＋互融"的时空对话的美学状态。

功能多元——符合地产开发全周期售楼处的基本功能需求，以及未来售楼展销功能卸载后的功能转变的可行性。北侧植入的功能盒子，现作为售楼处办公空间，同时在设计时为未来改做轻餐饮时后厨的上下水点、隔油池及排烟进行了条件预留。开放的一层空间及二层的单元化隔间为开放和私密的商业体验提供了空间基础条件。此外，在现行的功能要求下仅设置了消防自救卷盘，但考虑未来建筑类别改变的可能，也预留了消火栓主管，并且现有消防设备点位安装空间按相应暗装消火栓规格预留，未来可进行直接更换，避免了后期转变功能造成的拆除重建，开发商本身对此非常认可。

空间系统——不论新建、还是改造项目，在室内深化设计时的基本原则即室内首先需透彻了解建筑空间的生成理念，在保证原建筑空间的系统性和整体性的基础上再梳理、微调整，从而达到完善细化功能及空间的目的。因此室内设计仅在原有的各建筑体块下进行了功能及空间的调整，如北侧插入的功能盒子范围内的调整，以及依据VR体验对弱光环境需求的特性，为避免未来在使用过程中建筑的通透性被破坏，将其调整至一层北侧功能盒子内的无天光区域。二层的小空间顺应建筑的封闭逻辑，东西两侧为实墙，南北两侧为玻璃，很好地保证建筑南北向的通透性。为突显南侧通高幕墙的完整尺度，以及北侧功能盒子的独立性，对二层结构楼板均进行了退让，并铺设渐变玻璃，将自然天光更多地引入一层洽谈区，同时使钢结构关系更清楚地展现。

材料的延续统一——如今大众对于室内空间的审美从一味的追求豪华变得更加多元有内涵，而当下众多的工业改造项目也呈现出一种顺势而为的粗

交车库卸任仪式

北侧交通空间　　　　　　　　　　　　　"丫"形柱与光效结合　　　新旧材质对比

犷感。该项目希望在两种趋势中找到一个平衡点，即老旧的部分原生展示，新增部分能够体现当下的建筑制造发展水平。项目中所有的钢结构采用了薄型防火涂料及白色金属漆。钢结构顺应老结构的走势，旧结构的粗糙厚重与钢结构的光洁利落形成鲜明的对比。室内东西山墙、包裹整个北侧功能盒子的表皮及南侧洽谈区顶部均采用与建筑幕墙一致的拉丝效果铝复合板，光洁的拉丝反射效果与老结构粗糙的肌理并置形成强烈反差以及艺术趣味。其反射的模糊影像使得这种金属板超越了一个工业制成品，在建筑空间中变得可感知、有生命。地面采用了整体的聚氨酯罩面水泥自流平，也与这种新工业氛围融合。

层次化的照明方式——依据"新旧连接＋互融"的设计理念，对空间照明设定了路径：一是空间中所有的老结构都采用间接照明的方式呈现，漫反射洗光更好地呈现了混凝土材质柱子的肌理以及顶面飞升的趋势，而光源都进行了隐藏以及防眩光处理。二是空间中所有的泛光照明，展示照明等都选择简约、现代，可调角度的灯具明装与钢结构上。三是玻璃会透光，因此，在二层玻璃地面采用内贴渐变膜加上灯带洗光的方式呈现出一种地面褪晕内透光的光效，实现行为指引照明及氛围渲染的双重功能。四是综合前三种照明方式，夜间建筑的泛光照明即为室内内透光的方式呈现，使建筑在晚上呈现出透亮的发光体的效果。

对设备管线综合进行强干预——为更好地体现老结构的"展品"感及新结构的干净利落，设计了中空设备隔墙的方式解决所有设备问题。由于南北的两跨由中庭一跨分开，北侧机房主管线从地沟引至东西侧中空的形象墙，并利用楼梯间悬挑出铝板的龙骨空腔与形象墙相接的空间转入一层吊顶。二层中空设备隔墙内上线安装立式风盘、电箱、消防设备等。二层每个房间内设备隔墙表面都采用可开启穿孔铝板包裹，解决了各专业问题的同时也形成了整体统一的空间界面。

设计伊始，我们希望售楼处设计可以"去售楼处化"，最终的设计达到了这一目的。迄今为止，该项目场地每年都会举办一些大型活动，如2019年刚竣工时举办的宝马新车发布会，能够看出工业遗存更新项目中的规划理念与高端品牌的价值观有

一层走廊

契合之处。这个项目还很荣幸获得了 2020 年中国建筑学会室内设计分会商业组一等奖，虽是低成本，快速建造，但是得到评委对设计理念和策略的肯定。

工业构筑是一个城市发展的标志，工业遗址是对这段发展历程的记录。我们通过对前期规划、策划认知的建立，实践经验的积累，更加全面地多维度观察，从政策研究到产业研究的不断深入，促成对工业构建的更加合理改建，进而促进城市的可持续发展。

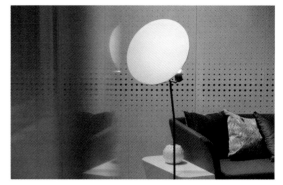

洽谈室局部

大堂

二层走廊

"仓阁"首钢工舍精品酒店

文 / 曹阳　摄影 / 陈灏

　　本项目位于北京市石景山区首钢厂区旧址，原为厂区内遗存的空压机站、返矿仓与电磁站3个相邻的工业建筑，前期作为2022年北京冬奥会组委会官员及访客配套使用的倒班公寓，赛时为对外开放的精品酒店，酒店管理方为洲际智选品牌。

　　同时，"仓"的局部增加了金属雨篷、室外楼梯等新构件，"阁"则在玻璃和金属的基础上局部使用木材等具有温暖感和生活气息的材料，使"仓阁"在人工与自然、工业与居住、历史与未来之间达到一种复杂微妙的平衡。

一 ｜ 设计出发点

　　无论原始建筑如何陈旧，它们都是首钢厂区生产链条上不可或缺的环节。利用建筑的现存条件并置入新时代的功能形式以体现对工业遗址的尊重和首钢历史记忆的延续，与2022年冬奥会"可持续性"理念高度契合，并为冬奥会之后的再利用创造条件。设计最大限度地保留原来废弃和预备拆除的工业建筑及其空间、结构和外部形态特征，将新结构见缝插针地植入其中并叠加数层以容纳未来的使用功能：下部的大跨度厂房——"仓"作为公共活动空间，上部的客房层——"阁"漂浮在厂房之上。被保留的"仓"与叠加其上的"阁"并置，形成强烈的新旧对比。

二 ｜ 新旧并融的建筑逻辑

　　将原本3个独立建筑进行水平方向的连接，保留原始建筑立面形式，整合内部开敞的空间与遗存的结构框架以形成服务于酒店功能的公共空间；破除原始屋面置入新的钢结构系统让客房从原始空间中垂直拔起，形成服务于酒店功能的客房空间。整体外观宛如我国传统建筑形式中的楼阁，宽大舒展的楔形屋檐、蜿蜒曲折的竖向楼梯、水平伸展的外廊立面，登高远眺可俯瞰整个奥组委办公区与首钢厂区遗址。新旧建筑相互穿插创造出令人兴奋的内部世界。

1. "仓阁"北区
　　由1个高炉空压机站改造而成，原建筑的东、西山墙及端跨结构被保留，吊车梁、抗风柱、柱间支撑、空压机基础等极具工业特色的构件被戏剧性地展示于大堂公共空间中，新结构由下至上层层缩小，屋顶天光通过透光膜均匀漫射到环形走廊，整个客房区充满宁静氛围，错落高耸的采光中庭在"阁"内形成颇具仪式感的"塔"型内腔，艺术灯具从天窗向下垂落，宛如一片轻盈虚透的金属幔帐，柔化了宁静硬朗的空间形式，与粗犷原始的工业遗存形成鲜明对比。

改造前建筑西南鸟瞰

由客房阳台远眺首钢工业景观

中庭及中庭休息区

建筑外立面

2."仓阁"南区

　　由原返焦返矿仓、低压配电室、N3-18转运站改造而成,3组巨大的返矿仓金属料斗与检修楼梯被完整保留于全日餐厅内部,料斗下部出料口被改造为就餐空间的空调风口与照明光源,料斗上方内部被别出心裁地改造为酒吧廊,客人穿行其间,获得独一无二的空间体验。客房层出檐深远,形成舒展的水平视野,在阳台上凭栏远眺,可俯瞰改造后的西十冬奥广场和远处石景山的自然风光。

三 ｜ 步移景异的空间意境

　　室内空间在新旧并融的建筑逻辑下进行设计延伸,分为公共服务空间与客房居住空间,公共服务空间包括北区大堂、南区全日餐厅、酒吧廊、多功能厅等。

1. 北区大堂

保留空压机站原始架设大型设备的混凝土柱基与楼板开洞，增加金属板与原木饰面板元素以整合功能界面，打破传统的开敞式酒店大堂形式，营造出一种中式游廊般的空间意境，往来穿梭交错在过去与现在。

2. 南区全日餐厅

保留了返矿仓原始的金属料斗与检修钢梯，将原始料斗下部出料口改造为空调风口与照明光源，满足了就餐空间的功能需求。在人员频繁使用的就餐区与取餐区，利用温暖的原木饰面与浮游在空间中的环形灯具，打破了原始空间的冰冷陈旧，增加了温暖与时尚感，原本简单的就餐环境成为满载回忆、可品谈的就餐空间。

3. 酒吧廊

打开与顶部连通的料斗内腔，使人员自由穿梭，真实体验这些庞然大物当年的历史沧桑。酒吧廊设置于其中一个料斗，通过对原始内腔的修复清理，同时增加照明烘托，营造出一种别样的趣味性空间体验。

4. 多功能厅

酒吧廊上方为酒店多功能厅，其内部可作为小型酒会沙龙、商务会议、文化展览等活动的场地，并可与下层的酒吧廊结合，使酒店未来的经营模式多样化。

四　串联空间的建筑语言

明黄色金属栏杆是串联整体空间的语言形式，从建筑外立面延伸到室内公共服务的每个空间，跳跃性色彩打破了硬朗、沉稳的空间特征，成为良好的装饰元素与视觉焦点。栏杆本身形式源自原始厂区内的黄色警示杆，"旧物新作"处理手法不失为既有建筑改造的另一种设计方式。

五　简约时尚的客房空间

客房部分为建筑北区的 2~7 层空间与南区的

大堂吧

首层全日餐厅

酒吧廊入口

二层酒吧廊

明黄色金属栏杆

走廊与客房

5~7层空间，共计133间，主要包括标准套型（大床与双床）、套房套型与残疾人客房套型。由于原始建筑框架跨度的限制，套型开间较小，内部设计力求功能合理、简洁，以温暖的原木饰面与涂料为基础，配以改良后的工业风格灯具，简约时尚。客房卫生间利用水泥本色结合预制水泥洗手台营造整体卫浴空间，其内部的毛巾杆、浴巾架等设施同样进行了精细化定制设计。

六 | 结语

　　"仓阁"是西十冬奥广场各单体中旧建筑保存最完整的一座，设计尊重工业遗存的原真性，延续首钢老工业区的历史记忆，通过新与旧的碰撞、功能与形式的互动，使场所蕴含的诗意和张力得以呈现，它曾是首钢厂区生产链上不可或缺的节点，如今则是城市更新的一次生动实践，并与北京2022冬奥会的可持续理念高度契合。

　　对比国内外多样化的工业遗址改造实践，"仓阁"不仅是对老厂房进行的翻新设计，更多是从设计之初就将传统文化精神植入设计理念的探索。从建筑内与外的楼阁、游廊、屋檐、退台等中国传统建筑语言，到步入其中体会到的步移景异、纵横游弋、起承转合等空间感受，设计力求探索一种中国化的工业遗址改造方式，同时在提倡文化自信的时代也体现出一种中国式的创新精神。

太庙历史文化专题展

文 / 李峰

一 ｜ 展览背景

太庙始建于明永乐十八年，是明清两代皇帝祭祖的地方，1950 年改名为北京市劳动人民文化宫。太庙是紫禁城的重要组成部分，是中国现存较完整的、规模较宏大的皇家祭祖建筑群。1988 年，太庙被国务院列为第三批全国重点文物保护单位。

太庙历史文化专题展是北京市中轴线申遗保护活动的一个重要组成部分，以历史为线索、从建筑和祭祀两个角度，系统介绍了北京太庙的历史文化。展览的主要目的是展示太庙历史文化，包括其发展史、功能、建筑特点和发生在其中的祭祀活动的概要性介绍。

二 ｜ 建筑即展品

本案的特殊性在于，太庙建筑的物理空间本身具有博物馆的展示属性与"全国重点文物保护单位"的文化属性，即太庙本身作为古建筑就是最大、最重要的实物展品。而太庙从传统社会的皇家祖庙到今天的博物馆，是一个由私产到公产的角色转变，这种转变预示着我们今天看待太庙的视角必然与传统文化看待太庙的视角和态度有区别。因此，展陈空间中对叙事方式的处理、观看方式的设计，需要考虑到意识形态的转变、传统文化与现代审美的关系以及身份与认同等一系列微妙的关系变化。

1. 作为符号体系的太庙

太庙享殿始建于明初，重建于嘉靖年间，是研究明代建筑的重要实物例证。太庙享殿是现存规模最大的古代木结构殿堂之一，也是现存使用金丝楠木建造的建筑之一。其建筑是中国古代皇家祭祖建筑、祭祖制度和祭祖文化的重要载体。其规划选址、建筑设计及祭祀礼仪，无不严格按照中国古代《周礼》《周易》的相关规定，发扬古人"崇祖敬宗"的文化传统。

2. 原初的"历史性"与当下的"历史性"

本案在设计上尊重原建筑的文化语境，聚焦太庙建筑构筑技艺，充分展现古建筑本身的艺术文化魅力，同时，站在当代的视角上回顾历史，建构当下的"历史性"。通过对"物"与"史"的当代转译，找寻中国传统文化中"古"与"今"的桥梁。通过对太庙历史及祭祀文化的回顾与反思，来呈现古代文化的当代记忆。在展览的设计上，本着尊重历史、尊重文物的态度，在古建筑群内植入新的展示语境，即"老树长新芽"的设计概念，将物与空间之间的关系充分融为一体。

3. 文保建筑的展陈原则

基于太庙建筑即文物特殊性，本案按照文物保护原则来进行展陈设计、施工活动。基本原则主要包括：第一，保持原有场域信息的完整性。第二，保证延展信息为原有信息的自然延伸。本案的设计是在尊重历史客观事实的基础上，以当代的视角展开的叙事呈现，因而在设计及叙事上可进行一定的自由处理，这是自者视角与他者视角的结合。一方面，要考虑作为自者视角下，历史本身的客观面貌，另一方面，要站在他者视角下，考虑到观众的审美及观看方式，在确保二者相协调的情况下延伸展陈活动中的设计信息。第三，确保展陈添加材料的可再处理性原则。作为古建筑的太庙是唯一的不可替代的文化遗产，展陈材料不应对太庙未来的文化活动或文物修复造成影响，展陈所使用的材料应随时可替换、方便拆卸。

三　空间方案

基于以上对展览背景、太庙建筑及展陈原则的分析，本案的空间方案主要从以下几个方面展开：

1. 开放的自由

享殿在太庙建筑群中占地面积最大、等级最高，为一级展示空间；寝殿东西配殿位于享殿之后，建筑空间较小，为二级展示空间。所以在展览内容上，将展览的主要内容置于享殿、两项专题内容（建筑与祭祀）分别置于寝殿东西配殿。在参观路线上，本案以开放式的动线使观众在参观时可根据自身的知识构成和需求自由选择参观路线，自主建构对本次展览的信息架构。设计希望观众从观看的角度跳脱出封建社会森严的等级制度，以一种现代民主国家的、公民式的自主视角、启蒙式的眼光来回望历史，与传统博物馆单一线路的参观流线设计形成对比，象征着太庙从皇室宗庙到文化遗产及当代的劳动人民文化宫的角色转变。

2. 模数制展架

基于史料挖掘和空间的整体考虑，在空间方案中，设计的前提是对原有古建筑的保护，要求保持建筑的真实性、完整性，不能随意改变其内部结构。因此，如何最大限度地保留原有古建筑文物本体的特色，并传递现代展览的时代气息是设计要解决的问题。展览在空间设计上强调通、透、自然。让古建筑本体的文化性充分展现。展示空间摒弃了通用的吊顶、管线、桥架等明装设备，在对展墙造型的设计上借鉴了清太庙内部隔断，展架的纹样也还原了原摆设构件的纹样，参照原空间布局对展架进行布局，以求在最大程度上尊重并贴合历史的原境。同时，借用古人的模数制建造方式，使展架可拆卸、可组装，尽可能地避免对古建筑结构的损坏。

3. 搭建时空的桥梁

我们在博物馆中做一场展览，实际上是以一定的叙事方式组织的一场历史时空"碎片"的展示，是以当代人的视角编织出的历史幻境，使观众突破现实的重力场，去感受时间之外的非日常生活的体验。

太庙与中轴线模型结合多媒体：展示中轴线与北京及中轴线与太庙的相互关系；中轴线相关重点建筑制作立体造型展示；区域内其他建筑做玻璃阴刻地图，用发光纤维指示空间走向。

祭祀牌位复原：展示清代太庙皇帝宗祠龛位（仿

模数制展架

太庙享殿民国时期照片

太庙享殿展示空间

西配殿展示空间

展板版式设计

1.1 何谓"太庙"

《说文》:"庙,尊先祖貌也。""庙"这个字指祭祀祖先的建筑类型。

太庙,即太祖庙。太祖是一个宗族的始祖,按照周代的宗法制度,只有嫡系子孙享有祭祀太祖的资格。

此后,太庙逐渐用来指代皇帝祭祀祖先的场所。

对祖先的祭祀发源于原始社会中的祖先崇拜。至今我们也能看到史前时代的祭祀类建筑遗迹。

制）、家具（仿制）、清代祭祀用品（仿制），实景展示清代皇家祭祀场景。观众可通过查询机点播劳动人民文化宫的前世今生，了解太庙和劳动人民文化宫渊源。

享殿结合多媒体复原时享场景：复原太庙及周边微缩场景模型，结合投影影片动态演示清代乾隆时期时享场面，包含从故宫到太庙的行走线路、仪仗、祭祀流程等。观众可通过太庙祭祀影片及模拟场景了解太庙祭祀的礼俗流程。

四 ｜ 视觉方案

历史的祛魅

本案试图搭建的是一个基于客观与主观之间的叙事空间，既要讲述历史的客观事实，同时站在当代视角。首先在整体的氛围上是肃穆、庄严的，要杜绝娱乐性质的视觉元素。因此，在视觉设计上从原境的色彩中提取了金丝楠木的颜色。其次，观看的视角是一种平等的、祛魅的现代视角，因而在版

式的设计上，选择了一种符合现代审美的简洁设计。这种与原境的文化语境有些出离的设计理念，希望达到一种游走在"现实的出离"与"历史的沉浸"之间的状态，以保持冷静的思考与观察。

五 ｜ 小结

我们尊重历史，我们以何种态度面对传统。本次展览不只希望能在文本叙事上给当代观众一个与传统文化对话的契机，更希望能在空间叙事上给观众留出一个能片刻抽离的空间，来思考如何面对传统，如何认同自身，如何意识当下。同时，本案作为在文保建筑中展陈活动的一次实践案例，在尊重历史、尊重文物的基础上，进行了一次基于文物保护原则的展陈设计实践探索，总结出在保持文保单位原有场域信息的完整性、在原有建筑的空间及视觉符号上延展出新的空间及视觉方案、确保新增展陈材料的可移除性等实践原则，希望能为文保类展陈设计抛砖引玉。

展板内容示意

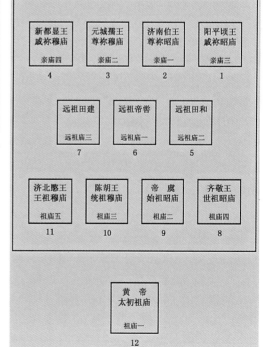

西周凤雏村祭祀建筑
这是一座大型的西周建筑群。周代宗庙的建筑形制已经比较完善，平面设计有序、不同的功能模块组织得当。

王莽九庙
这是一组位于西汉长安城南郊的大型礼制建筑，据考证为"王莽九庙"遗址。遗址情况与文献相互印证，是目前所见的第一个依据《周礼》进行的庙制实践活动。

中国民生银行办公区域装修设计导则

文 / 饶劢

一 导则编制的主体思路

1. 编制思路

《中国民生银行办公区域装修设计导则》（简称《设计导则》）意图规范办公用房建设，在满足使用功能的前提下，通过对中国民生银行办公类项目室内装修设计与施工标准化、模块化的要求，形成规模化，从而降低项目成本，为室内设计、工程造价、施工工艺提供科学的依据，更为项目投入使用后的维护管理提供便利条件。

2. 成果目的

本次《设计导则》绝非简单粗暴地形式化统一装修风格，其重点在于突出工艺做法，规范标准化、模数化、部品化的建造方式，强调企业视觉传达系统可视化的展示，潜移默化叙述属于民生独有的品牌故事；倡导绿色、低碳环保的理念，从对员工关怀的角度剖析人员在空间的行为方式，推行装配式装修工艺做法，最大限度地为有限的办公空间提供多种可能。通过健康的选材、低碳的工法、健康的物理环境（声学、照明、热工等）、智慧的控制系统，打造以健康化、现代化、智能化、人性化、可视化、价值体现等理念为一体的办公用房空间。

3. 成本控制

室内装饰装修类项目成本降低要素之首就是对装修材料的标准化控制，形成一定规模批量加工，换而言之就是通过统一的模块，规范装修材料规格，科学地将材料损耗控制在最小范围；通过装配化的安装方式精准定位，规避土建误差。模块化成规模加工生产并安装的另外一个优势就是在后期运营维护中降低了再加工及安装的难度，更可根据材料表面的破损程度，通过对板材位置的简单调换对整体效果作应急性处理。

以板材类装修材料为例，常用且经济的规格尺寸为 1200mm×2400mm，在标准控制中要求板材类装修材料宽度在 1200mm 以内，或可被 3 整除，由于规格统一，甚至余量板亦可重复利用，材质的损耗近乎于零，材料成本自然降低。

4. 建造探讨

装配化装修工艺最大的特点就工厂化加工，材料体系安装及拆卸灵活，随时作对应调整。例如，开敞办公区地面采用线槽版 OA 地板，通过预留线槽扩容后的部门做布线，无需二次剔凿；采用成品隔断式隔墙，根据部门发展需求，对已安装的隔断式隔墙做拆除及重组，组合成新的办公区（室）或会议室，甚至是其他所需功能房间；规格化的集成吊顶模块，由于材质规格一致，同样可重新调配并再次组合。

根据项目具体情况选择采用装配式装修建造方式，通过全专业一体化模数协同设计，将各专业可能存在的交叉问题降至最低，减少现场拆改。通过统一的部品化加工、标准化生产，形成工厂规模化量产，产品精准度高，现场安装误差得到有效控制。

通过上述一系列方式方法从设计初期到中期施工在项目建设工程中对各环节精准控制，达到有效的成本控制目的。

二 导则编制内容

在以往的设计导则中往往面面俱到，精细到点，甚至详细到材质的颜色、纹理，家具样式、规格，但应用中由于专业特性以及规范的更替，使得导则时效性差，推行不畅。而本导则有以下特点。

1. 框架结构版块灵活清晰

本导则涵盖总述、建筑、室内、结构、给排水、暖通、电气、智能化、照明、软装、导视、装配式、绿色、经济共 14 章。结合民生办公区域类型条件，以及调研中对既往导则应用情况，我们为其量身定做该导则。通过多专业同一语境联合编制，从初始条件出发，从流程风险提示角度对项目租赁（购置）选择上作了梳理，意图达到从源头规避风险的作用。

2. 新的设计理念体系

《设计导则》以人为本，关注员工办公环境，通过对员工行为分析，对办公楼层、功能区域划分进行了相应的规划与要求。通过推行装配式建造方式以及绿色建筑、LEED、WELL 等体系，实现环境友好、尺度适宜的办公区域，打造健康化、现代化、智能化、人性化、可视化、价值体现等理念为一体的办公用房空间，让员工获得更多的归属感。

3. 规范指标参数

《设计导则》中通过必要规范性面积指标、易忽略的数据、层高标准、各类用房基本要求、改造类项目送审提示、功能指标面积要求、必要规范性指标荷载要求、改造类项目资料收集、结构加固措施等一系列定量指标的描述，增强了导则的前期指导性，降低了项目潜在风险，清晰有效地为在建（定制）及装修改造（购置/租赁）办公用房项目立项审批、报审批复以及项目建设标准提供有力支撑。

4. 落地性及可持续性

虽名为装修设计导则，但本次编写强化了建筑、结构、机电等源头专业相关内容，用以规避前期风险，落地性更强。细化造价，严控经济指标，为项目建设成本提供有效数据。

三 | 感悟

本次办公区域《设计导则》的编制从引导角度出发，作为实施工具，并未对室内设计的细则加以干预，而是结合中国民生银行办公用房的购置（租赁）特点，从实际出发转译指标特性，固化指标体系，将弹性空间释放给最具创造力的空间形态设计中；让指标分配更合理、框架更清晰、内容更完整、实用性及落地性更强，为项目建设提供支撑及有效的约束。

导则内容示意一

[摘自《建筑设计资料集 第3分册办公·金融·贸连·广电·邮政》P30的办公建筑·面积指标]

等级	人均建筑面积	人均使用面积
舒适级	26～30 m²	16～19 m²
标准级	20～24 m²	12～15 m²
经济级	16～18 m²	10～12 m²

注：1、本表应参考现行文件[2020] 738号文［2021年04月编制］使用。
2、本表面积为上限要求，可按实际情况确定，考虑实际面积理设可为0.1.2。
3、银行特殊面积、停车库面积、系统设备机房等可单列其他使用面积同类别另行计算。
4、高级建筑的办公用房人均面积可据可采用使用面积和标准取值。

c 空间布局应做到功能分区合理、内外交通联系方便、各种流线组织良好，保证营业用房、办公用房、公共用房和服务用房有良好的办公和活动环境。

d 应根据使用要求、用地条件、结构选型等情况选择开间和进深，合理确定建筑平面，提高使用面积系数。

e 电梯及电梯厅设置应符合下列规定：
楼面面层外设计地面高度超过12m的办公建筑应设电梯。乘客电梯的数量、额定载重量和额定速度应通过设计和计算确定。我行优先采用舒适级。

表2.1.2.b 电梯配置指标

	单位	经济级	舒适级	豪华级
建筑面积	m²/台	5000	4000	<2000
人数	人/台	300	250	<250

乘客电梯位置应有明确的导向标识，并应能便捷到达。

消防电梯应按现行国家标准《建筑设计防火规范》GB 50016进行设置，可兼作服务电梯使用。

电梯厅的深度应符合表2.1.2.c 电梯厅的深度要求的规定。

表2.1.2.c电梯厅的深度要求*

布置方式	电梯厅深度
单台	大于等于1.5B
多台单侧布置	大于等于1.5B（当电梯并列布置大于4台时不小于2.70m
多台对侧布置	大于等于相对电梯厅之和，并小于4.50m

注：B为轿厢深度。当为对列布置的电梯时，B为其中最大轿厢深度。

---

f 外窗设置应符合下列规定：
底层及半地下室外窗宜采取安全防范措施；
当高层及超高层办公建筑采用玻璃幕墙时应设置清洗设施，并应设有可开启窗或通风换气装置；
不利朝向的外窗应采取合理的建筑遮阳措施。

g 门应符合下列规定：
办公用房的门洞口规范要求宽度不应小于1.00m，高度不应小于2.10m；门洞口净尺寸要求如下：门洞宽度不低于1.1米；高度不低于2.4米。

机要办公室、财务办公室、重要档案库、贵重仪表间和计算机中心的门应采取防盗措施，室内宜设防盗报警装置。

h 办公用房建筑的门厅应符合下列规定：
门厅内可附设传达、收发、会客、问讯、展示等功能房间（场所）；根据使用要求也可设商务中心、咖啡厅、警卫室、快递储物间等；
楼梯、电梯厅宜与门厅邻近设置，并应满足消防疏散的要求；
严寒和寒冷地区的门厅应设门斗或其他防寒设施；
夏热冬冷地区门厅与高大中庭空间相连时宜设门斗。

i 办公用房建筑的走道应符合下列规定：
办公区单面布房走道宽度不低于1.5米；双面布房不低于1.8米。

高差不足0.30m时，不应设置台阶，应设坡道，其坡度不应大于1：8。

j 楼地面应符合下列规定：
根据办公室使用要求，开放式办公室的楼地面宜按家具或设备位置设置弱电和强电插座；楼地面优先选用可综合布线的架空地面（10-15CM）。

科技主机房、联网监控中心的楼地面应采用架空防静电地板。

7.是否涉及楼板面层背筋改变	是 □	否 □

备注：以上第4、7条的"是"，须由原主体结构单位出具计算书［签字、盖单位公章和注册章］；如必应根据是否符合原设计要求或规范进行处理；若确需做加固处理，应提供同图纸加固图、提供倾屋安全鉴定报告和机屋鉴定报告。

8.是否涉及其他改变		是 □	否 □
以下情况不涉及于属于结构改变			
1）是否墙体结构		是 □	否 □
2）是否墙体加固		是 □	否 □
3）是否对墙主体（梁板柱）进行改变		是 □	否 □

备注：以上第8条的"是"，须由原主体结构单位提供计算书［签字、盖单位公章和注册章］、土建改造施工图、资料提供安全鉴定报告和机屋鉴定报告。

2.2.5 建筑室内环境改造

(1) GB/T 18883的要求。

(2) 办公室应有自然采光，会议室宜有自然采光，应符合采光标准值的规定，应进行合理的日照控制和利用，避免直射阳光引起的眩光。办公室照明的照度、照度均匀度、眩光限制、光源颜色等技术指标应满足现行国家标准《建筑照明设计标准》GB 50034中的有关要求。

(3) 办公室、会议室内的允许噪声级，应符合表2.1.4.b办公室、会议室隔墙、楼板空气声隔声标准的规定。

2.3 各级机构建筑功能及面积指标
BUILDING FUNCTION AND AREA INDICATORS OF INSTITUTIONS AT ALL LEVELS

2.3.1 民生银行各级经营机构建筑规模控制表

名称	属性	上限面积 (m²)	备注
总行本级	本级	人力部提供乘准*30m²/人*1.2系数	
一级分行	新建一级分行	5000	含分行营业部
	改建型一级分行	人力部提供乘准*30m²/人*1.2系数	五年或大件升级，不含分行营业部
二级分行	新建立	2000	
	新建立	2500	
县域支行		1074	不可上浮

注：1、本表依据现行文件[2020] 738号文于2021年04月编制。
2、本表面积为上限面积，可结合实际情况测量，设置差控制在3%以内。

2.3.2 总行本级功能及面积分配参考表

总行建设规模应满足2.3.1条规定的基础上，参考下表设置各功能及面积。

表2.3.2总行本级功能及面积分配参考表

功能分类	房间类型	设置数量	上限面积(m²/处)	控制依据
办公用房 (50%~65%)	*行领导办公室	按需设置	-	≤100m²/间，含休息室、卫生间（办公区不超过≤60m²/间）《中国民生银行监管办公用房配置管理办法》
	*部门副总理	按需设置	-	≤35m²/间，含级别卡座级及主辅工作，《中国民生银行党业办公用房配置管理办法》
	*部门处室高管	按需设置	-	≤30m²/间，含级别卡座级，《中国民生银行党业办公用房配置管理办法》
	信用卡部门及表岗	按需设置	-	≤20m²/间，《中国民生银行党业办公用房配置管理办法》
	*员工工位	按需设置	-	建筑面积≤9m²/工位，含工位区公共通道等因素空间
	*办公洽谈区	按需设置	-	≤工位区面积的85%，根据项目具体计算测算
	*办公休闲区	按需设置	-	≤工位区面积的85%，根据项目具体计算测算
公共用房 (15%~20%)	*行务会议室	1处	-	按需设置，有会议室≤2.20m²/人，无会议桌≤1.30m²/人
	*小型会议室	按需设置	-	≤30m²/间，有会议室≤2.20m²/人，无会议桌≤1.00m²/人
	*中型会议室	按需设置	-	≤60m²/间，有会议室≤2.20m²/人，无会议桌≤1.00m²/人
	*大型会议室	按需设置	-	≤100m²/间，有会议室≤1.50m²/人，无会议桌≤1.00m²/人
	特大型会议室	按需设置	-	≤300m²/间，有会议室≤1.50m²/人，无会议桌≤1.00m²/人
	*接待室	按需设置	-	宴宾接待室 ≤80m²/间
	*日常接待室	按需设置	-	≤30m²/间
	培训教室	按需设置	-	建设≤80m²/间
	多功能厅	1间	800	人员规模大于1000名工之间用一间
	*卫生间	按需设置	-	根据人力部文件的明计计，依据本导则2.2.2.4第（4）条卫生间设置数量设置
	*茶水间	按需设置	-	≤20m²/间，每40员工工一间
	*母婴室	按需设置	-	不低于1间，≤20m²/间，每300名员工一间
	*更衣室	按需设置	-	根据办公人员配更衣柜大小的规定按需设计
	*竞岗工作室/员工之家	1	500	按需求设置
	企业食堂	1	1000	按需求设置
	咖啡厅	1	200	按需求设置

导则内容示意二

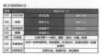

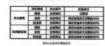

导则采用图表方式，使得内容更易延展，
可读性强，应用更便捷

第五章

感悟

因时而变 因势而行

——室内工程行业高质量践行之路

文 / 曹阳　摄影 / 张广源、陈灏、陈鹤

"成长伴随机遇，时代交织变革"。

从环境艺术专业研学到中国建筑设计研究院实践；从思维意识、设计方法、工程实践到价值体现；从专业设计人到项目主持人再到团队负责人；从专项技术型人员逐步转变为技术型管理人员，一路走来，伴随着工作与角色的变化，我更加意识到应把握时代的脉搏，从传统模式中寻求创新发展的道路。在新的发展时期、新的发展阶段、新的发展理念下，传统的建筑装饰行业与室内设计专业应立足行业，走高质量发展之路。

一 ｜ 为人民而设计

中央美术学院建筑学院的研学之路奠定了我在

建筑和空间设计方面的理论知识与审美基础。在导师邱晓葵教授的指导下，从专业特点出发，重视方法提取、重视功能平面、重视材料与装饰细节，拓展了思维方式、提升了专业能力，同时也造就了个人严谨的作事态度。

学习期间有幸参与了环艺学科带头人张绮曼教授组织的"为中国而设计——第四届全国环境艺术设计大展"，为陕北传统民居窑洞进行改造性提升示范。工程经历了近一年的时间，从现场窑洞调研、居民需求分析到方案反复研讨，最终完成了图纸绘制与驻场配合施工，亲身经历了方案图纸之外的现场体验与建造环境，立足于民，"为中国而设计""为人民而设计"的设计追求深深地影响了我对设计的价值认知。最终项目设计作品荣获"中国美术奖"提名作品称号，改造区域示范成为大会的现场会址，带动了当地的经济发展。

在邱晓葵教授指导下的北京首都国际
机场贵宾厅改造设计

陕北三原县地坑窑洞提升改造工程

大会现场与获奖证书

长春规划展览及博物馆项目（崔愷院士、
景泉建筑师指导）

北京市三┃五中学项目（崔愷院士、邓烨建筑师指导）

世园会生活体验馆项目（崔愷院士、郑世伟建筑师指导）

北京首钢工舍智选假日酒店"仓阁"（李兴钢大师指导）

有人说室内设计只为有钱人服务，我觉得这种说法脱离了设计本质，室内设计应不分高低、贫富、城乡，是时代进步下人民对美好生活的一种需求，是国家综合国力进步的重要体现。

二　　在建筑逻辑下思考

中国院的工作实践是我的第二次学习之路，在这里可以近距离接触院士大师、优秀的建筑师以及工程师，这无疑是一件令人兴奋的事。这也让我从单专业思维的设计人逐渐学会了在建筑逻辑与全专业协同的体系下思考问题，从形式美、装饰美思路转变为功能美、协调美的整体认知。

崔愷院士提出的本土设计理念，从地域环境、文化脉络与时代诉求的关系中解决问题，建筑室内外空间一体化的设计方式与从问题入手的设计方法，教会了我从全局出发系统地思考问题，在实践中发现问题，用设计解决问题。很荣幸短短几年间在崔愷院士、李兴钢大师等多位院内优秀建筑师指导下，完成了多个优秀的建筑与室内设计作品。

冬奥会延庆赛区场馆项目（李兴钢大师指导）

近年来随着建筑行业践行绿色化、低碳化的发展路径，崔愷院士在《绿色建筑设计导则》序言中提到："还要嘱咐室内设计师几句，因为你的美化空间环境的手段就是以装饰为主，装饰的越华丽，与绿色节俭的理念差距就越远，所以如何下手轻一些，引导一种朴素、真实又优雅的空间氛围是努力的方向。" 作为室内设计师应该在建筑空间一体化的设计思维下增加绿色设计方法的研究，去装饰、轻介入、重实用、讲体验，从而跟上建筑师的脚步，设计出完善优质的建筑作品。

三 | 偶然中的必然

2015 年，我主持设计了第一个装配式装修住宅项目——广州美汇半岛。设计贯穿于整个项目的全过程，从部品策划到方案设计；从图纸绘制到产品选型；从基础建造到部品安装，项目最终在产品工厂与基础装修单位的配合下以极短的周期建造完成，受到了业主的充分肯定与好评。

2016 年 9 月 30 日，国务院办公厅发布《关于大力发展装配式建筑的指导意见》，明确了装配式

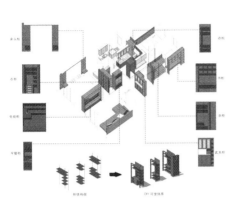

设备管线、部品一体化集成设计

广州美汇半岛住宅装配式装修项目

建筑的定义。2018 年 2 月 1 日，《装配式建筑评价标准》GB/T51129-2017 发布，用于装配式建筑的评定工作，其中装配式装修备受重视占据了较大比重。在这种趋势下，我们也成立了产品设计研发所，凭借多年来在室内设计领域的经验，投身于装配式装修模块化产品的研发工作，在住宅领域进行升级

北京副中心综合物业楼项目

景德镇圣莫妮卡国际学校项目

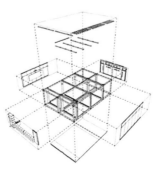

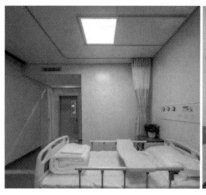

首次发布装配式医疗单元模块（住建部黄艳副部长
与中国建设科技集团孙英总裁莅临指导）

1项发明专利与5项实用新型专利

迭代，研发出服务于中高端客户需求的住宅装修模块，在公建领域研发出办公单元模块、教学单元模块、医疗单元模块，并在实际项目中进行了实践。

其中"医疗单元模块的研发方法"取得了1项发明专利与5项实用新型专利。作为一种更为工业化的装修方式，装配式装修以更加灵活丰富的功能效果、更加快捷安全的安装方式、更加绿色环保的建造环境，顺应建筑工程绿色化发展与高质量建设的理念，必然会得到大力的推广与运用。作为室内设计师的我们必须对装配式装修全过程设计加以学习和掌握，提高自身的综合能力，以应对未来行业高质量发展带来的变化。

四 探索创新途径

通过对建筑空间一体化与工业化装配式装修的设计方法研究，我认为新时期室内设计应具备产品化思维下的室内工程设计概念。

概念涵盖三个方面的基础内容："产品化"强调标准化、集成化与工业化；"思维"强调前瞻性、系统性与方法性；"工程设计"强调全过程、全专业与统筹性。这区别于传统的建筑、室内装饰设计思维方式，符合当前社会绿色化发展价值观，改变室内空间设计在整个项目阶段中过于片段性，装配式装修设计相对局限性的现状，提出室内空间设计应是从属于建筑工程学体系下的重要组成部分与环节。这也是对国家"十四五"发展规划提出的建筑工程绿色化、低碳化的具体反映。

概念表现特征（六化）：

（1）过程系统化——更加注重空间环境的全过程与多专业的协调整合，设计之初就要建立建造观、造价观与系统观。

（2）阶段明确化——区别于与建筑设计过程雷同的概念及方案设计阶段、初步设计阶段、施工图设计阶段与施工配合阶段。室内专业真实参与阶段可以整合为方案创作阶段与工程服务阶段。

（3）设计标准化——标准化不是形式的千篇一

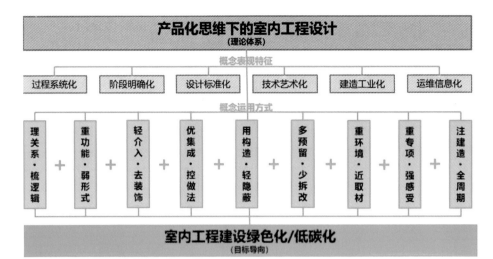

产品化思维下的室内工程设计
（理论体系）

概念表现特征

| 过程系统化 | 阶段明确化 | 设计标准化 | 技术艺术化 | 建造工业化 | 运维信息化 |

概念运用方式

理关系·梳逻辑 ＋ 重功能·弱形式 ＋ 轻介入·去装饰 ＋ 优集成·控做法 ＋ 用构造·轻隐蔽 ＋ 多预留·少拆改 ＋ 重环境·近取材 ＋ 重专项·强感受 ＋ 注建造·全周期

室内工程建设绿色化/低碳化
（目标导向）

产品化思维下的室内工程设计理论体系

律，而是更加注重设计过程、设计方法与用材及对工艺性能的熟悉掌握，具体包含六种形式：简化、统一、通用、系列、组合、模块。

（4）技术艺术化——艺术不仅仅依靠空间形式，还可以通过平面、光学、声学体现，甚至通过梳理清晰的机电管线、结构构件与设备设施实现。

（5）建造工业化——在设计标准化的基础上对于材料的选择与产品的运用，最大化选择工厂化加工与装配化安装的方式进行建造。

（6）运维信息化——信息化数字操作平台是"概念"最为有效的反馈手段，它可以将工程建设全过程与空间使用全周期进行连接，增加对建筑空间全生命的监控，便于后期的运行与维护，为未来的项目建设提供真实有效的科学数据。

概念运用方式（九点）：

（1）理关系，梳逻辑（对建筑体系的分析不动摇）；

（2）重功能，弱形式（对真实使用功能的反映，拒绝无意义的寓意）；

（3）轻介入，去装饰（多利用建筑空间的要素，拒绝无意义的装饰）；

（4）优集成，控做法（优选集成性材料或构造，拒绝无控制的工艺）；

（5）用构造，轻隐蔽（多优化空间材料的做法，拒绝一概而论的包裹主义）；

（6）多预留，少拆改（充分考虑到空间使用过程中的功能与设施变化，拒绝"做满做死"）；

（7）重环境，近取材（预先考虑项目材料的选择与采购的周期，拒绝只讲效果不讲实际的选材）；

（8）重专项，强感受（强调空间功能使用者的体验感，照明、标识、陈设、智能设施、温度环境都应该在设计中被充分利用）；

（9）注建造，全周期（增加对工程建造环节的把控，对各个工序加以掌控，拒绝在项目全过程阶段虎头蛇尾）。

后记

当代室内空间呈现的模式大致可归纳为三种：①适用于城市大型文化性、标志性建筑的室内外一体化空间模式；②适用于城市商业、商务空间与个性化、定制化的创意性空间模式；③适用于城市基础民生保障，服务性空间的标准化空间模式。而对于这三类空间模式品质的提升，"产品化思维下的室内工程设计概念"无疑是一种非常有效的思维方式和参考标准。这对于国家"十四五"规划提出的高质量发展、建筑行业绿色低碳的现实需求与设计行业满足多样化人群的高品质要求都具有更为现实的意义。"概念"更加致力于提升整体室内工程（建筑装饰）行业质量的下限，在现今建设工程周期快、造价严、标准高的环境下找寻出路，为建筑工程行业的整体高质量发展贡献力量。以上为本人在疫情常态化时期多思多学的感悟，也祝福国家和行业健康发展！

传承本土文化，创造绿色健康的室内环境

文 / 董强　摄影 / 马冲

Q1：您自毕业后，20 余年来一直从事室内设计工作，并获得了几十项国内外重要奖项。经过多年的理论及实践反思，您认为室内设计思维的重点是什么？

董强：在我看来，室内设计思维的重点应是空间的逻辑性和复杂性。室内设计往往是对空间秩序的延伸和发展，即提炼空间元素，整合原有逻辑关系，建立新的空间秩序。具体步骤包括：①分析提炼原有空间秩序，剔除所有装饰层面的附加元素，将空间提炼成概念化的构成要素；②将原有构成要素打散、化整为零——一个体块打散成几个面，一个面分离成无数条线，一条线破坏成无数个点；③重建空间秩序，赋予元素新的意义（如功能性、视觉性、体验性等），从碎片中抽离出新的构成原则，建立新的秩序。

室内设计方法的研究需建立在理性逻辑思考基础上，但真正优秀的设计需要超脱于方法。设计是理性和情感的交织，逻辑与情感从不相悖，情感因素颇为复杂，因人种、地域、宗教、文化不同而有所区别。缺乏情感的建筑是没有精神价值的，未经过逻辑表达的建筑则是混沌杂乱的。所以说，室内设计是逻辑性与复杂性的结合，是对建筑空间的解读和个人情感的表达。

Q2：今年 7 月，中国共产党历史展览馆在北京正式开馆。作为其公共空间及红色大厅等重要功能空间室内设计的主要负责人，对于传统文化，您在设计中是如何传承和创新的？

董强：建筑空间设计反映了某个时期的社会事态与精神面貌，在很大程度上影响人们行为与思想。

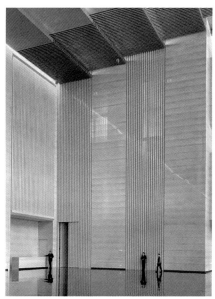

中国共产党历史展览馆

改造后的远洋集团办公楼

面对中国共产党历史展览馆这一充满历史意义的红色建筑，传承历史文化并注入新的时代精神是我们设计时思考的重点。

我们在设计中把握了三个方面的统一，用精炼的设计语言创造出典雅质朴的殿堂空间：传统文化与时代精神的统一；室内设计与建筑风格的统一；典雅建筑空间与细部符号语言的统一。

1）传统文化与时代精神的统一

汲取中国传统文化精髓，体现新时代精神及文化自信。摒弃繁琐复杂的装饰语言，以简洁的线条、挺拔的空间造型、充满力量的块面，蕴含刀砍斧凿的寓意，表达中国共产党一百年来砥砺前行的艰辛历程。

序厅结合原建筑传统四梁八柱构造体系，将空间界面重新梳理整合。顶棚借鉴中式传统建筑内檐形式，遵循原有坡屋面结构进行了层层递进的设计，并采用金色吸声体材质，以光芒万丈表达共产党领导中国走向光明。

2）室内设计与建筑风格的统一

简洁庄重的建筑设计语言继承了经典建筑基因，通过对原建筑的解读，对空间进行梳理再塑造，打造大气、质朴、厚重、昌盛的公共空间形象。公共

空间设计模数与建筑模数严格对应，墙面石材运用大块面的切割手法，推敲主题画作在空间中的尺度关系；地面选用雅安红石材，与以红色为主基调的长城画作呼应，教育后人不忘革命史，走好新的长征路。

3）典雅建筑空间与细部符号语言的统一

红色大厅作为大型礼仪活动场所，有着最强烈的文化属性和严格的空间布局。设计提取中国古典建筑艺术造型语素，结合时代背景特征，满足现代化会议活动使用需求。在营造空间整体气氛的同时，注重人的尺度感受和细节把控，增强了空间的场所感。深入挖掘中国共产党建党一百周年历程中的精神内涵，确定党史馆建筑装饰细部主题符号——向日葵。向日葵又被称为太阳花，是太阳的象征。中间的葵花象征我们党，周围的团花紧簇象征着全国各族人民紧紧团结在党的周围，同时向日葵还有向阳翘首、坚守向往、初衷不改等寓意。共产党人正是要学习"向日葵"精神，传播积极向上的正能量，充分发挥模范先锋作用。

Q3：远洋集团办公楼改造项目是北京地区首个获得 WELL 铂金级认证的项目。该项目打造了一个

开放共享、健康绿色且具有舒适体验的办公空间。对此项目的室内设计把控，您又有怎样的体会？

董强：改造设计体现远洋集团"智慧健康"的核心理念，将绿色城市建设者的理念和使命映射到办公空间的规划中，以健康步道为纽带，衔接各功能区块。在满足基本办公需求的前提下，做到健康、开放、共享、智慧，体现品牌形象并达到 WELL 铂金级认证标准。

项目应用 BIM 技术建立工作平台，对照明、声学、空气质量进行模拟分析并指导设计。以智能化系统打通办公管理各个环节，实现智能来访、智能会议、智能能效、智能协同等管理方式。

员工是企业发展的驱动力，通过此次改造，重塑开放、共享、智慧的工作氛围。设计中弱化了传统企业前台与背景 LOGO 墙的形式，用舒适的环境体验表达企业文化，在本项目视线及采光最好的区域打造员工的"城市花园"，即引导员工交流、协作、分享且注重体验的人性化空间。

交流区提供茶饮及简餐服务，家具的配色在考虑美学的前提下保证舒适度，配合区域绿化，让员工幸福愉悦，让访客宾至如归。

员工办公桌面均设置电动升降装置并加装可调角度支臂，鼓励员工站立式、健康化办公。办公区照明定制 3500K 暖色灯源，视觉感受舒适温暖，且区域色温可智能调控。

将远洋企业文化植入空间，增添了其活力和艺术性。

Q4：在您看来，室内设计未来发展还将呈现哪些新趋势？

董强：随着社会审美修养的提高和设计功能需求的增强，室内设计逐渐由粗放型向精细型转变，继承发扬本土文化和创造绿色健康的室内环境是室内设计未来发展的两个方向。

1）传承本土文化不是对于传统文化形式符号的简单模仿，还应与我们所处的时代相协调，从建筑所处的历史文化、地域环境、风土人情中寻找室内设计语言，根植本土，创造符合时代风貌和场所精神的室内空间环境。近几年，我带领团队配合崔愷院士设计了一批具有本土主义设计理念的室内设计项目，实践了对于建筑逻辑的延续和本土文化的传承。即将竣工的泉州市委党校新校区，贯彻红色学府精神，融合闽南本土文化，塑造庄严、生态、富有文化底蕴和特色的党校。校区的室内设计延续建

泉州市委党校新校区

清华大学深圳国际校区

筑的理念和逻辑，地面铺装、曲面屋檐、墙面窗花等均是从闽南民居中挖掘和提炼细节做法，创作出和建筑浑然一体，具有闽南地域特色、朴素、适用的室内环境。

正在紧张施工的清华大学深圳国际校区基于"本土设计"理念，充分考量自然条件与周边环境，因地制宜采用"立体校园"思想，将一系列功能体块通过类似"搭积木"的方式搭接，使彼此联系并有机结合，在保证功能高效便捷的同时，在校园内部形成灵动多变的室内外活动空间。室内设计延续建筑设计，采用最能表达清华文化的红砖作为主要材料完成了裙房等部分室内主要界面，同时适应本地热带地区气候和特区文化，营造灵活开放、流动通透的空间效果。

2）后疫情时代，我们更深刻地认识到绿色健康是美好生活的重要因素。

在室内设计领域，过度装修的设计手法将逐渐被淘汰，绿色健康将成为今后室内设计的必然趋势。

"绿色"是指建筑室内设计节能环保，与自然保持友好平衡，可持续发展。而"健康"是指通过各种设计方案，使室内空气质量、声环境、光环境等更良好，让使用者在空间内能够身体健康、心情愉悦。

近年来，城市建设从增量向存量转型，建筑业从粗放型发展到精细化发展的特征越来越显著，而城市更新和建筑改造成为重要的研究课题。在此背景下，我和团队也设计完成了一些既有建筑改造项目。从建筑的全生命周期来看，相对建筑而言，室内是相对短暂的存在。因此很多时候，我们发现在室内设计中形式风格并不是根本，绿色、健康、经济、适度才是构建室内环境的本质要求。

天津全运会指挥中心是酒店改办公项目，我们尽可能轻介入，不改变建筑的布局、结构，以最质朴的材质、最简单的设计语言，为全运会工作人员提供高品质、绿色健康的办公场所。

2022年初，我们中标了位于长安街西侧，被人们称之为"聚宝盆"的中国人民银行总行办公楼改造项目。上半年我们完成了室内方案设计，不同于很多高大上的金融企业办公环境，本次室内设计不追求新奇、奢侈的空间效果，而是采用绿色环保的材料体系，逻辑清晰的构造方式，精致细腻的细节做法，营造内敛、低调的空间气质，打造绿色、健康、清新、自然的办公环境。

高质量发展是2017年中国共产党第十九次全国代表大会首次提出的新表述，表明我国经济由高速增长阶段转向高质量发展阶段。高质量发展就是能够很好地满足人民日益增长的美好生活需要的发展，是体现新发展理念的发展，是创新成为第一动力、协调成为内生特点、绿色成为普遍形态、开放成为必由之路、共享成为根本目的的发展。

我国室内设计行业，经历过风起云涌的快速发展，走到今天则将面临新的课题和机遇。传承发扬本土文化和创造绿色健康的室内环境是室内设计行业高质量发展的两个重要方向，设计师需要更加因地制宜地研究场地环境、建筑条件，更加深入地了解当地文化和生活，才能设计出触动人心的作品。与此同时，设计师还应关注"双碳"、BIM及装配式等行业发展趋势，以便于未来更集约高效地建造更多高品质、绿色健康的室内环境。

站在巨人的肩膀上

文 / 韩文文　摄影 / 陈鹤

设计院是典型的现代化生产性机构，它的部门规划和岗位设置都是严谨又精确的，如同一部品质优良的机器，其中每一个零件都是高品质的，唯有此，这部机器才能高速运转，发挥出令人生畏的效力。同时这种机构也需要大量的永不生锈的"螺丝钉"，可丁可卯完成本职工作。技术集成、工艺汇总、质量把控制度、空间设计完成度这些特质，逐渐形成了一种大院特色。

如果说"设计"本身是一种产品，那么设计"院"就是生产设计产品的大型机构。而当设计机构被"产值指标""项目总量""业务拓展"等诸多压力所裹挟时，设计院反而比其他设计单位更具优势。因为工作量与设计品质成为并重的衡量指标，就注定了设计院的朴实和扎实，以及"与世无争"般的洒脱。而当平实的个体遇到朴实和扎实的设计院时，只要他（她）有足够的耐心和超强的韧性，其个体的成长速度绝对是令人叹为观止的。设计院巨大的工作量是其中个体质变的诱因，这变化虽然缓慢，但成就感仿佛突如其来，让每一个朴实无华的设计工作者得到货真价实的锤炼，因此设计院自有其骄傲的资本和可爱之处。"站在巨人的肩膀上"是个体设计师之于设计院；单个专业之于全专业设计体系。

从根本"绿"化空间，用智慧迸发场所之美

量大面广，是设计院项目类型的最大特点，而以此为前提落实绿色设计目标十分具有现实意义。

对于室内设计专业来说，绿色设计理念需要关注的不仅仅是材料本身的环保性能，更需要从根本上合理安排功能，并找到用相对少的材料实现更有体验性空间效果的方法。借建筑之势，露结构之良，理材于必然，呈空间之大美，是设计院语境之下室内设计专业的日常流程，也是"一体化"逻辑之下与各个专业镶嵌融合的过程。当全专业以高品质室内空间的呈现效果为目标时，室内专业对空间的梳理也前置于上游专业。这种相向而行，在本质上实现了空间的独特性与唯一性，也可以最大限度减少以"装修"为目的的材料使用，这是绿色设计的根本。

当在室内设计叠合了一体化设计的纵向维度之后，横向推进的"行为组织"——"场景想象"——"建构逻辑"这种专业技术路径便更如标靶一般准确而理性地锁定项目核心。这种一体化的建构方式，是室内设计工法的提升、是空间叙事能力的增强、是对项目全生命周期的关照。

一体化背景下的"空间叙事"

北京电影学院影剧院是清水混凝土结构，室内设计在最大限度上尊重原本的结构体系，仅在最重要的位置如戏剧空间入口，以及最重要的声学空间内如剧院影厅等空间进行重点刻画。最大限度体现了建筑空间的美感，同时通过重点渲染戏剧空间的入口部分，将观演空间的情绪调动功能进行了充分表达。

北京电影学院剧院前厅

用建造逻辑审视设计，用设计思维提升工法

设计产品要受到诸多方面的检验。比如有来自建造方对于设计工法的验证，也有来自使用者对其实用性及空间效果体验的评判，还有来自运营者对其后期维护成本及便利程度的考量。在这个过程中，设计与建造就形成了相互制约又相互促进的一体两面。通常情况下，设计需求为建造手段提出了抽象的标准，而建造手段又是设计不可逾越的技术"阻隔"，所以往往当以最终完成度来考量一个设计时，有建构思维的设计作品会明显有优势得多。而出现问题时，往往设计师会怪施工落地性差，而施工单位会怪设计师不切实际。所以对于建造逻辑的积极思考不仅是对设计本身的优化，更是在一体化建造思维之下对甲方的负责与对资源的充分尊重。而当用设计思维统领工法设计时，又会产生新的机会、新的建构逻辑、新的形式。

刚完成的上合会议新会址项目（占地 10 万 ㎡），

北京电影学院影剧院观众厅

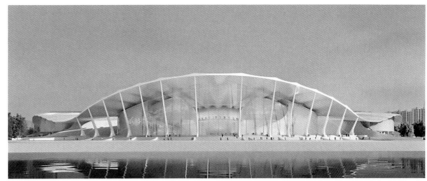
上合会议新会址建筑外观

上合会议新会址大厅

是在极限的时间（270天）内完成的重要的国家礼仪项目。本项目将"全专业一体化设计"与"设计施工一体化"两个"一体化"的优势进行了充分的诠释。全专业协同的优势首先表现在室内专业的介入时间。室内专业是从建筑专业刚刚排布柱网时就介入工作的，这就意味着所有的空间都是由室内设计师与建筑师根据实际功能与场景量身定制而成。其次表现在内外贯穿对表皮的研究。对于这个高度内透的建筑体，内外一气呵成的气势非常重要，因此最终根据室内近人尺度的表皮研究向外延伸与扩展，内外统一为内五边花瓣与外六棱勾边的参数化表皮形式。设计施工一体化的优势体现在所有对设计构成落地风险的构造细节，都通过与厂家、施工方共同研发解决，确保无设计死角，无技术死角。

以上谈的主要是在设计院语境下室内设计专业如何借一体化之策略发挥更大的效能。而一体化其实是基于系统论而言的概念，系统性应是设计的本质属性，设计从来都不是脱离整体的局部。我们创造一个空间，便是制造了和这个空间交互的各种关系，这些关系其实和周围的事物都构成了或大或小的系统。今天讨论的系统性与一体化的问题，正是把事物全部放在有关联的角度，而不是孤立或片面地去看待它们。

设计院的工作方式是从正面以系统性的方式拆解系统的问题。对于设计而言，系统性的概念是"模糊""庞杂"的，它与服务、可持续、社会创新等都有交叉。所以"系统性"，究竟是把它看成一个手段，还是设计的一种过程、一种思维方式，抑或是一种有实操性的设计方法？我想它其实更是一种价值观。伴随着社会化大生产走向全球化，我们今天面临的设计问题的复杂性也走到了史无前例的境地，我们既很高兴地看到了设计发展的前景和巨大空间，也意识到其中蕴含的困难与挑战。我们讨论设计系统的概念，并不仅仅出于创新路径的思考，而是希望更多的设计师能够真正地从系统的角度开展更多有深度的设计与研究。

行业荣誉

获奖证书

获奖证书

获奖证书

获奖证书

荣誉

1952~2014 年	室内设计研究所（现室内空间院）是我国成立最早的建筑室内专业设计机构之一
2007 年	中国建筑学会室内设计分会授予 "全国十佳室内设计企业" 荣誉称号
2009 年	中国建筑学会室内设计分会授予 "优秀设计机构" 和 "学会之友突出贡献奖"
2010 年	中国国际设计艺术博览会授予 "最具影响力设计机构奖"
2011 年	中国建筑学会室内设计分会授予 "最佳设计企业奖"
2014 年	中国建筑学会室内设计分会授予 "最佳设计企业奖"
2015 年	中国建筑学会室内设计分会授予 "最具影响力室内设计机构" 荣誉称号
2016 年	中国室内装饰协会授予 "中国十强室内设计机构" 荣誉称号 中国建筑学会室内设计分会授予 "最具影响力室内设计机构" 荣誉称号

近年奖项清单

1）建筑装饰行业科学技术奖

中国共产党历史展览馆配套建筑项目室内精装修专项设计	设计创新奖	特等奖	2021
远洋国际中心 A 座 31F—33F 层 WELL 铂金级认证装修设计项目	设计创新奖	一等奖	2021

2）中国建筑设计奖

雅昌新办公楼室内设计	室内设计专业	一等奖	2021
成都中车置业售楼处	室内设计专业	一等奖	2021
远洋集团健康办公 WELL 铂金级项目	室内设计专业	一等奖	2021
昆山前进中路综合广场	室内设计专业	一等奖	2018
中央财经大学沙河校区图书馆室内设计	室内设计专业	一等奖	2017
北京首钢工舍智选假日酒店	室内设计专业	二等奖	2021

湖南永顺县老司城遗址博物馆及游客中心	室内设计专业	二等奖	2021
天桥艺术中心	室内设计专业	二等奖	2021
无锡新区科技交流中心室内设计	室内设计专业	二等奖	2013

3）中国室内设计大奖赛

中央财经大学沙河校区图书馆	文化、展览工程类	金奖	2016
北京外国语大学图书馆改扩建	文化、展览工程类	金奖	2014
首发大厦室内设计	办公工程类	金奖	2011
天桥艺术中心室内设计	文化、展览工程类	银奖	2016
康巴艺术中心	文化、展览工程类	银奖	2014
昆山文化艺术中心室内设计	文化、展览工程类	银奖	2014
大同机场新航站楼	市政、交通工程类	银奖	2014
大同博物馆室内设计	文教、医疗方案类	银奖	2012
奥运瞭望塔室内设计	文教、医疗方案类	银奖	2012
VICUTU 办公楼改造	办公方案类	银奖	2011
无锡新区科技交流中心	文教、医疗工程类	银奖	2011
湖南永顺县老司城遗址博物馆设计	文化、展览工程类	铜奖	2019
中国建筑设计研究院创新科研示范楼	办公工程类	铜奖	2019
"仓阁"首钢工舍精品酒店	酒店、会所工程类	铜奖	2018
昆山前进中路综合广场	文化、展览工程类	铜奖	2017
昆山文化艺术中心保利院线	文化、展览工程类	铜奖	2014
济南地铁 R1 线	方案类（概念创新）	铜奖	2017
北京人民广播电台直播间	文教、医疗方案类	二等奖	2009
拉萨火车站	文教、医疗工程	二等奖	2006
外研社大兴基地室内设计	办公工程类	二等奖	2004
山东广播电视中心室内装饰工程设计	办公工程类	三等奖	2009
神华大厦	办公方案类	三等奖	2008
凉山民族艺术中心暨火把广场精装修工程	文教、医疗工程	三等奖	2007
大兴文图馆及影剧院精装修工程	文教、医疗工程	三等奖	2007
北京外国语大学行政办公楼	办公工程类	优秀奖	2009
某驻外领馆室内设计	办公方案类	优秀奖	2006
中国石化总部	办公方案类	优秀奖	2013
国典大厦	办公方案类	佳作奖	2006

| 北京德胜尚城写字楼 | 办公方案类 | 佳作奖 | 2006 |

4）中国国际空间环境艺术设计大赛（筑巢奖）

VICUTU 制衣室内精装修设计	办公空间工程类	金奖	2014
昆山文化艺术中心室内设计工程	娱乐、会所空间工程类	金奖	2013
大同博物馆	展陈空间方案类	金奖	2012
中国光大银行 F3 大厦	办公空间工程类	金奖	2012
山东广播电视中心	办公空间工程类	金奖	2010
敦煌莫高窟游客中心	展陈空间方案类	银奖	2012
北京地铁 8 号线二期车站公共区	交通空间类	银奖	2010
伊金霍洛旗影剧院	剧场空间工程类	铜奖	2007
东北大学浑南校区图书馆室内设计	办公空间方案类	优秀奖	2014
哈尔滨某工作室	空间表现技法方案类	优秀奖	2014
某企业综合服务中心	娱乐空间工程类	优秀奖	2014
重庆国泰艺术中心室内设计工程	娱乐、会所空间工程类	优秀奖	2013
天津盘龙谷演艺中心	娱乐空间工程类	优秀奖	2012
中国国家画院盘龙谷创作基地	酒店空间工程类	优秀奖	2012
苏州火车站	交通空间	优秀奖	2010
营口开发区文化广场	剧院空间类	优秀奖	2010
泰山桃花峪游人服务中心	展陈空间方案类	优秀奖	2010

5）"金堂奖"中国室内设计年度评选

威克多制衣中心	年度十佳办公空间设计	2014
昆山文化艺术中心	年度十佳公共空间设计	2013
北京外国语大学图书馆改扩建	年度十佳公共空间设计	2013
重庆国泰艺术中心	年度优秀公共空间设计	2013
无锡新区科技交流中心	年度优秀办公空间设计	2011

6）"蓝星杯"中国威海国际建筑设计大奖赛

奥林匹克塔室内设计	优秀奖	2017
昆山前进中路综合广场	优秀奖	2017
中央财经大学沙河校区图书馆	优秀奖	2017
北京天桥艺术中心	优秀奖	2017

当代建筑作品园 13# 地块茶室室内设计		优秀奖	2017
昆山文化艺术中心室内设计		优秀奖	2013
北京外国语大学图书馆改扩建室内设计		优秀奖	2013
天津北塘古镇凤凰街剧场		优秀奖	2013
武警老干部服务处项目室内设计		优秀奖	2013
苏州火车站室内设计		优秀奖	2009
青藏铁路拉萨站站房室内设计		优秀奖	2009

7）中国医院建设奖

昆山市西部医疗中心项目	中国十佳医院室内设计方案	2020

8）中国国际建筑装饰及设计博览会环艺创新设计大赛

208 所专家公寓楼	酒店设计方案类	一等奖	2012
绿地广阳新城售楼处	商业空间类	二等奖	2012